머리말

공학은 문제해결을 위한 학문이다. 그리고 엔지니어는 당면한 문제에 대한 최적의 해결 방안을 찾아내어 복지 증진과 인간의 삶의 질을 높이는 것을 소임으로 지닌 사람들이다. 시대에 따라 엔지니어가 해결해야할 문제들도 변화하고 따라서 그들이 갖추어야할 능력, 소양, 덕목들도 계속 변천하므로 엔지니어를 양성하는 공과대학의 교육도 시대의 요구에 맞추어 변화 진보해야함이 마땅하다. 21세기 공학교육의 새로운 패러다임은 "창의적 문제해결능력을 갖춘 엔지니어 양성" 이며 따라서 이 시대의 공학교육에서는 공학이론 교육과 함께 설계능력 배양 교육이 특별히 강조되고 있다.

설계능력이라 함은 창의성, 공학지식, 팀웍, 의사소통 능력, 비판적 사고, 문화와 사회에 대한 폭 넓은 소양, 지속적인 자기 개발 의지와 능력, 투철한 윤리의식 등을 포함하는 개념으로 매우 포괄적이다. 이러한 포괄적 능력을 배양하기 위해서는 4년의 공학교육 과정에서 입학부터 졸업까지 단계별로 체계적인 설계교육이 필요하다. 공과대학의 설계교육은 1학년에서 공학문제의 개념 이해, 창의적 문제해결 방법 이해, 팀 활동력, 의사소통 능력 등 기초소양을 키우고, 2학년에서는 설계의 기초와 개념설계 단계에 필요한 지식 습득과 설계팀 참여 경험을 통하여 설계 기법의 기초를 익히며, 3학년 과정에서 단위 구조물 해석과 설계기법을 배양하고 4학년의 종합설계 프로젝트 수행까지 일관된 교육과정으로 초급설계자의 능력을 갖추도록 구성된다.

이 교재는 1학년을 위한 창의공학(토목설계입문)에 이어 2학년의 설계기초 교육을 위한 교재로 쓰였다. 이 교재에는 설계자가 알아야하는 설계의 구성요소와 용어에 대한 간단한 설명과 설계과정 그리고 공학윤리와 팀 운영 기법이 수록되었다. 각 단계마다 토의과제와 실습을 위한 예제를 수록하였고 설계실습 프로젝트 과제가 제시되었다. 학생들은 이 교재를 이용한 강좌를 통하여 토목설계의 내용과 과정을 이해하고 설계자가 가져야할 마음가짐과 설계 팀의 일원으로 활동하는 체험을 할 수 있다.

지금까지 이러한 설계교육을 위한 교재가 출판된 사례가 없었다. 필자들은 강의실에서 얻은 경험과 설계실무의 경험을 바탕으로 초급 설계자가 갖추어야할 지식과 능력 그리고 소양을 나름대로 추려서 이 교재를 구성하였다. 그리고 이 교재를 이용하여 실제로 강좌를 운영하면서 내용을 보완하였다. 그러나 이런 형태의 교재가 처음으로 시도해본 것이어서 아직도 미비한 점이 무척 많을 것이다. 앞으로 강좌를 계속하면서 계속 보완 수정 개선하여 더 좋은 교재로 가꾸려하니 독자들께서 많은 충고와 비평을 보내주시길 바란다.

저자 일동

Contents

Contents

Contents

Contents

Contents

Contents

개론 1

1.1 토목설계의 정의

공학은 실생활에서 겪는 온갖 위험과 불편을 해소하고 효율을 제고하여 안전하고 쾌적한 생활환경을 조성하고 경제활동의 생산성을 높이며 여가생활 환경을 개선하여 삶의 질을 높이는 데 필요한 모든 기술적 문제를 해결하는 학문이며 이에 관련한 생산과 건설 그리고 서비스 활동을 포괄한다. 공학 문제 해결방안은 설계로 표현되므로 공학설계는 엔지니어가 경제적, 법적, 사회적, 환경적, 문화적 조건과 인간의 심리와 감성 등을 고려하여 당면한 공학문제에 대한 최적의 해결 방안을 과학적, 공학적 지식과 경험을 적용하여 추구하는 행위이다. 이러한 공학설계의 위상과 특성은 그림 1.1과 같이 나타낼 수 있다.

토목공학은 모든 공학 분야 중에서 가장 오랜 역사를 가진 공학의 원조이며 아직도 가장 폭 넓은 대상을 다루는 공학의 종가이다. 토목공사는 자재, 노동력, 기술, 기계 및 설비를 투입하여 토목시설물을 신설, 보수, 이설, 해체하는 작업이다. 토목시설과 구조물은 의식주 활동, 교통과 물류, 생산활동, 문화활동, 체육 및 여가 생활, 환경개선, 국가안보 등 인류의 사회활동 전반에서 발생하는 위험, 부족, 불편, 저효율 등의 문제를 해결할 목적으로 구축된다.

넓은 의미의 토목설계는 이러한 문제의 해결책으로서 구축되는 시설과 구조물을 계획, 조사, 설계하는 전 과정을 의미하며, 좁은 의미의 설계는 조사 및 시설과 구조물의 위치, 형태, 크기, 재료, 시공방법을 결정하는 행위로 정의 된다.

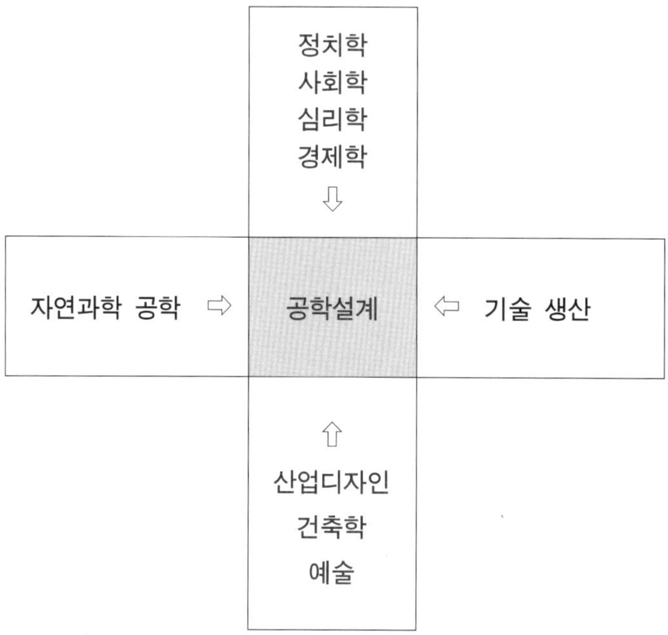

그림 1.1 공학설계 활동

1.2 토목 구조물의 종류

토목시설과 구조물은 대부분 공익을 목적으로 하는 공공 재산으로서 사회기반시설(infra-structure) 또는 사회간접자본(social overhead capital: SOC)이다. 중요한 토목 구조물을 종류별로 분류하면,

- 교통 물류 시설: 도로, 철도, 지하철, 항만, 부두, 공항, 운하, 교량, 교통 터널
- 수리 시설: 댐, 제방, 하천 수로, 호안, 방파제, 관개 시설, 수로 터널
- 급수 및 정수: 취수장, 정수장, 상수도
- 환경 시설: 하수도, 폐수처리장, 쓰레기 매립장, 폐기물 처리장
- 에너지 시설: 발전소(수력, 화력, 원자력, 풍력, 조력 등), 석유와 개스 저장시설
- 통신, 배송 시설: 지하 공동구(전력, 통신, 상수도)
- 국방 시설: 지하격납고, 벙커, 포대, 비행장
- 주거 및 생활 시설: 주택 단지 건설, 고층 건물, 병원, 학교, 공원, 위락 시설
- 생산 시설: 공업 단지, 농경 단지, 어항 및 어초, 플랜트
- 자연 보호 시설: 산사태 방지공, 사면 보호공, 임도
- 흙막이공: 옹벽, 보강토, 흙막이벽, 지하연속벽, 널말뚝벽
- 지하 공간 이용 시설: 지하저장 터널, 지하 극장, 지하 체육관, 방공 대피 터널
- 연약지반 개량(연직배수공, 다짐모래 말뚝, 동 다짐 또는 압밀 공법 등)
- 지반보강(앵커, 네일링, 그라우팅 등)
- 지반안정처리(흙-시멘트 또는 석회 처리 공법 등)

(a) 교 량

(b) 부 두

(c) 체육시설

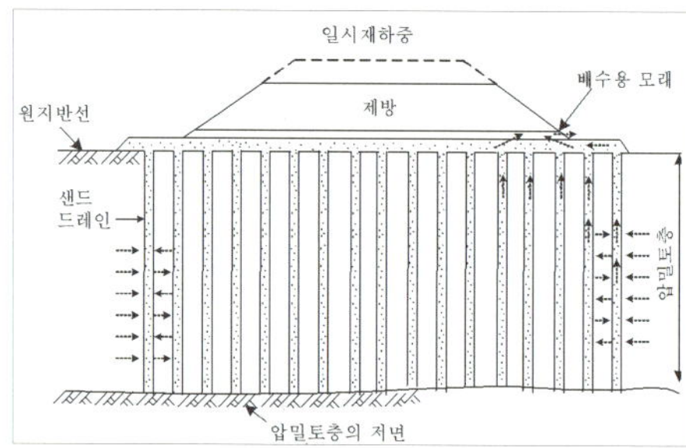

(d) 지반개량공

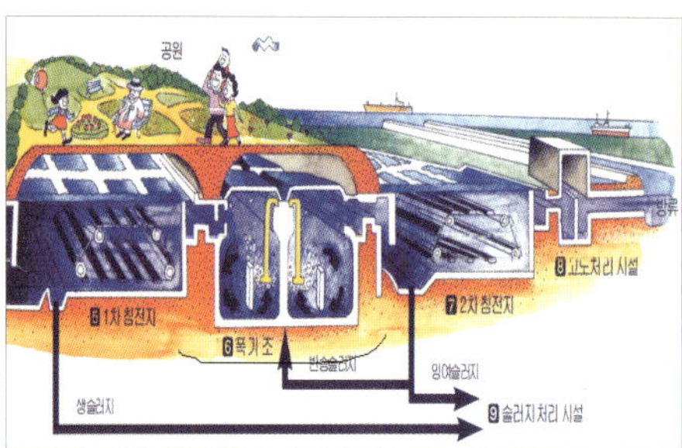

(e) 하수처리시설

(f) 항만

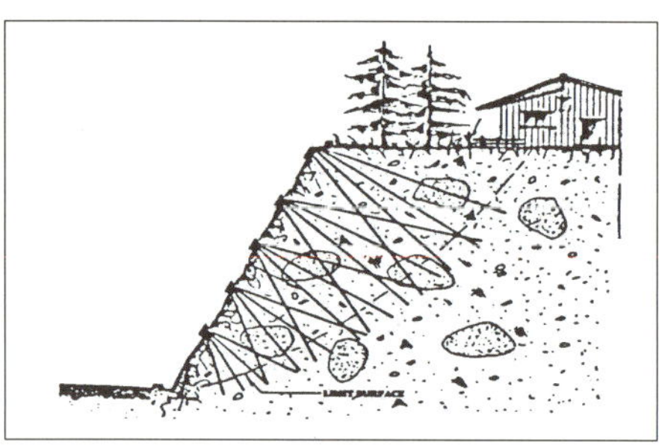

(g) 사면보호공

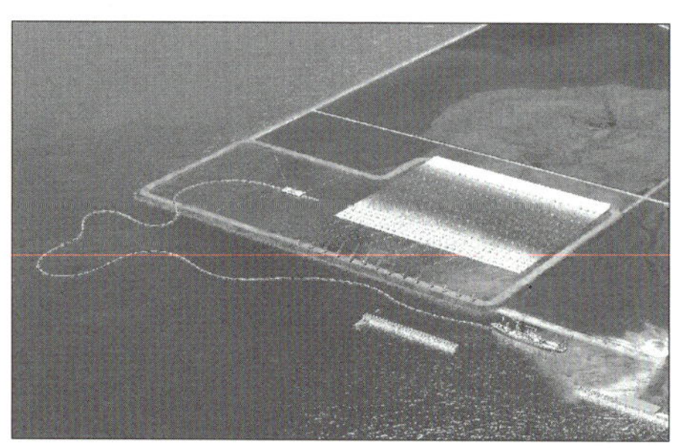

(h) 방조제 및 해안 매립

그림 1.2 대표적인 토목구조물

1.3 토목 구조물의 특징

토목구조물은 일반적인 공업시설과 달리 공익성이 매우 큰 공공시설로서 그 설계와 시공이 매우 독특한 특성을 지닌다.

- 공익을 위한 공공시설로서 사회기반시설 또는 사회간접자본에 속한다.
- 기대되는 사용 수명이 수십 년 이상으로 매우 길다.
- 대부분이 대규모 시설로 구성되므로 많은 건설비용과 기간을 요구한다.
- 일반 공산품과 달리 동일 제품을 대량으로 생산할 수 없고 수요자의 요구에 의하여 건설되는 주문생산의 형태로 이루어진다.
- 시공 중 또는 사용 중에 파괴되면 자연 환경과 사회에 미치는 영향이 매우 크므로 엄격한 품질관리가 요구된다.
- 구조물이 국가 또는 지방의 상징적인 존재인 경우가 많으며, 역사적인 유산이 될 수도 있다.
- 토목 시설과 구조물 건설은 자연환경과 생활여건을 변화시키게 되므로 설치할 장소의 자연조건과 사회조건을 고려하여 설계, 시공되어야 한다.
- 구조물 시공은 기후와 기상 조건의 영향을 크게 받는다.
- 지구상에 둘 이상의 똑 같은 토목 구조물은 없으므로 설계와 시공에 엔지니어의 창의성이 크게 요구 된다.

1.4 설계 고려 사항

토목 설계의 목표는 "가장 안전하고, 가장 편리하며, 가장 견고한 구조물을 가장 싸고, 가장 짧은 기간에 건설할 수 있는 방안을 제시하는" 것이다. 이러한 목표를 달성하기 위하여 설계자가 고려해야할 사항을 정리하면 다음과 같다.

(1) 안전성(safety)

안전성은 시공 중 안전성과 사용 중 안전성이 모두 고려되어야 한다. 안전성은 구조물 자체의 안정성(stability)을 확보하고, 구조물 시공 과정이나 완공 후 사용 중에 위험이나 피해 발생 요인이 없음을 의미한다. 안전성을 확보하려면 작용외력에 대한 구조물의 구조와 재료의 특성 등에 대한 역학적 검토와 구조물의 기능, 시공법, 사용법, 주변 환경에 대한 고려가 필요하다.

(a) 성수대교

(b)미국의 타코마교

(c) 지진으로 붕괴된 주택(일본)

(d) 지지력 부족으로 붕괴된 제방

그림 1.3 안전성 부족으로 붕괴된 구조물의 사례

(2) 사용성(serviceability)

구조물은 건설목적에 적합해야 함은 물론, 사용하기 편리하고, 기능적이며, 유지관리가 용이하여야 한다.

그림 1.4 부등침하로 사용성이 없어진 구조물

(3) 내구성(durability)

구조물 재료의 품질이 우수하여 사용 수명 중 안전성과 사용성이 저하됨이 없이 기준 이상의 품질을 유지할 수 있어야 한다.

(4) 경제성(economics)

구조물은 건설비, 유지관리비, 보상비 등이 최소가 되도록 설계 되어야 한다.

(5) 환경친화 설계(green design)

구조물은 자연환경 및 사회환경을 구성하는 하나의 요소로서 주변의 자연과 잘 조화되고 사람들에게 정서적으로 친밀감을 주는 외관을 지니며, 시공 중 또는 사용 중에 자연 생태계와 사회문화 환경에 부정적인 영향을 미치지 않아야 한다.

(a) 환경을 고려하지 않은 하천 설계

(b) 환경친화적 하천 설계

그림 1.5 환경친화 설계의 예

1.5 건설 공사 관계자

토목 시설 및 구조물, 건축물, 산업설비, 조경, 환경시설을 시공, 설치, 유지, 보수하는 공사를 건설공사(construction works)라 하고, 건설공사에 관련된 계획, 타당성 조사, 설계, 계약, 시공, 감리, 사후관리 업무를 건설사업(construction project)이라 한다. 이러한 건설사업은 계획과 설계, 공사시행, 운전과 유지관리의 세 단계로 시행되는데 이 과정에는 사업주(발주자), 설계자, 시공자, 감리자, 공사관리자가 참여하게 된다.

(1) 사업주(발주자; client, owner)

사업주는 건설사업 시행을 위한 인허가 업무, 공사 계획, 비용 투자, 완성된 시설이나 구조물을 소유, 운전, 관리, 처분하는 사업시행의 주체로서 시공주라고도 한다. 정부나 공공단체에서 시행하는 공사의 사업주는 발주자라 한다. 건설사업을 다인에게 도급할 경우에는 발주자가 되고 도급계약의 한쪽 당사자가 된다. 발주자는 입찰 공고, 공사 계약 체결, 집행의 주체이다. 민간사업에서는 개인, 법인, 단체, 기업체 등이 사업주가 되고 공공사업인 경우에는 정부나 공공기관이 사업주가 되며 이때는 늘 도급계약에 의하여 공사를 발주하므로 발주자가 된다. 사업주는 사업시행에 드는 모든 비용을 투자하고, 설계, 감독, 완성된 공사 인수, 완공 구조물을 소유하고 유지관리 한다.

(2) 설계자(designer)

설계자는 사업주와 용역계약을 체결하고 설계 등 용역 업무(engineering 또는 consulting)를 수행하는 건설기술용역회사이며 설계자의 업무범위는 계약에 따라 건설공사 계획, 조사, 예비설계, 실시설계, 설계 감리, 안정성 검토, 건설사업 관리, 시설물 유지 보수, 철거, 관리와 운용, 건설 공사에 관한 시험, 평가, 자문과 지도 등이다. 건설기술용역회사는 기술용역육성법에 따라 자격요건을 갖추어 교육과학기술부에 회사등록을 하고, 기술 분야에 따라 종합기술용역업, 전문기술용역업의 면허를 받은 회사를 말한다.

(3) 시공자(contractor)

시공자라 함은 발주자와 공사시공 도급계약을 체결한 자 또는 회사를 말한다. 건설기술관리법에서는 수급인으로 표현하고 있다. 시공자는 공사도급계약에 의하여 발주자에 고용되어 공사의 시공을 책임지며, 시공자의 책임과 임무는 별도로 공사계약서와 시방서에 명시되어 있다. 공사시공을 수행하는 시공회사는 건설업법에 따라 국토해양부에 등록하고 토목공사업, 건축공사업, 토목 · 건축공사업 등 일반공사업, 특수공사업 및 19종의 전문공사업에 대하여 공사업 면허를 받은 시공회사를 말한다.

(4) 감리자(superviser 또는 consulting engineer)

감리자라 함은 공사감독을 담당하는 자로서 발주자가 수급자에게 감독자로 통고한 자와 그의 대리인 및 보조자를 포함한다. 발주자에게 고용되어 시공감리를 담당하는 감리원은 공사현장에서 발주자를 대리하여 시공자의 시공을 감독, 확인, 검사하며 공사의 기성과 준공을 확인한다. 감리원의 자격과 업무는 건설기술관리법에 별도로 규정되어 있다.

(5) 건설사업관리자(CMr; construction manager)

발주자는 공사관리의 전문성을 가진 조직에게 자신을 대리하여 공사 계획, 시공의 전 과정을 수행, 관리토록 위임함으로써 예산집행의 효율성과 공사품질을 높일 수 있다. 발주자에게 공사 계획에 대한 자문을 제공하고 발주자의 대리인으로서 설계자와 시공자를 조정, 통제하는 업무를 수행하는 자를 건설사업관리자라 한다.

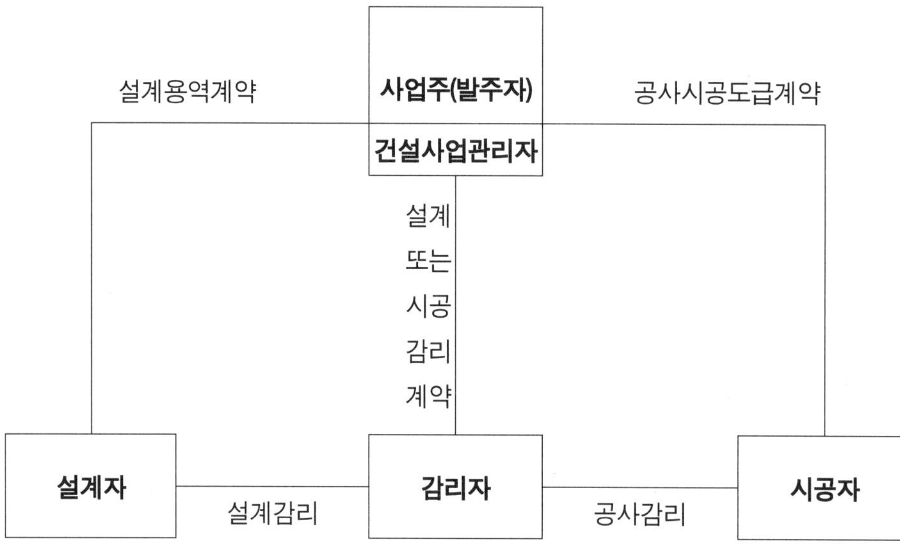

그림 1.6 건설공사 관계자

1.6 설계용역 발주, 입찰, 계약

1.6.1 공사시행 방법

공사시행 방법에는 다음과 같은 세 가지가 있다.

- 설계시공분리방식(design bid built): 설계자와 시공자를 별도로 선정하여 공사를 시행
- 설계시공일괄방식(design build, turn key): 설계와 시공을 일괄도급 방식으로 시행
- CM 방식(construction management): 발주자가 CMr에게 설계와 시공의 전 과정을 위임하여 시행

1.6.2 설계용역 형태

민간 건설공사 설계는 대체로 사업주의 판단에 따라 임의로 공사시행 형태를 채택할 수 있으나 공공(公共)공사는 법에 규정된 절차에 따라 시행하게 된다. 설계용역 시행 형태는 위험을 부담하는 방법에 따라 직영(直營)설계와 도급(都給)설계로 분류할 수 있다.

● 직영(直營)설계

사업주가 직접 설계를 계획, 운영, 관리하므로 설계에 대한 모든 책임은 사업주에게 있다. 민간 건설공사의 경우에 사업주 자체가 설계능력을 가지고 있을 때 채택할 수 있다.

① 입찰, 계약 등의 수속절차가 생략된다.
② 저가(低價) 도급에 의한 부실설계를 방지할 수 있다.
③ 새로운 공법 도입에 유리하다.
④ 설계기간이 지연될 우려가 있다.

● 도급(都給)설계

사업주가 전문설계자와 도급계약을 체결하고, 설계자로 하여금 설계 계획, 운영, 관리 용역을 수행하게 한다. 설계용역 도급에는 다음과 같은 형태가 있다.

1) 일식(一式) 또는 일괄(一括) 도급: 단독 업체에 전체를 도급
2) 분할(分割)도급: 전체공사를 유형이 다른 몇 개의 부분공사로 구분하여 각각을 다수의 전문 용역업체에 도급
3) 공동(共同)도급: 둘 이상의 도급자가 공동으로 참여
   ① 공동운영방식(joint venture): 참여 도급자가 출자비율에 따라 책임과 손익을 분담
   ② 분담운영방식(consortium): 참여 도급자가 공구 또는 업종 별로 공사를 분담하고 자기 분담 부분을 책임 수행
4) 턴키(turn key)도급: 설계와 시공을 일괄도급 방식으로 수행하는 도급

1.6.3 도급자 선정 방식

사업주(발주자)가 설계용역 도급자를 선정하여 도급계약을 체결하는 방법에는 다음과 같은 방법이 있다.

(1) 수의계약(隨意契約) 또는 특명(비경쟁)입찰

- 사업주가 특정한 용역사와 계약조건을 협의하여 계약 체결
- 긴급한(천재지변, 재해긴급복구 등) 공사로 경쟁입찰 절차가 어려울 경우
- 보안(군사, 국가기밀)을 필요로 하는 경우,
- 경험 있는 설계자가 극소수인 경우
- 특정한 설계자가 용역을 수행하는 것이 편리한 경우
- 단계적으로 시행하는 용역의 경우
- 민간 소규모 사업
- 경쟁을 거치지 않아 사업주에게 불이익을 초래하는 위험이 있음.
- 공공사업에는 엄격하게 제한됨

(2) 경쟁입찰(競爭入札)

- 입찰(入札, bid)이란 다수의 희망자가 동일한 계약조건을 기준으로 하여 공사가격을 제안하여 경쟁을 통하여 체결하는 계약
- 경쟁을 통하므로 가장 낮은 설계가격을 확보할 수 있는 이점
- 입찰 과정에 시간과 비용 소요 발생

① 일반(공개)경쟁입찰(open bid): 일정 자격을 갖추면 누구라도 참여할 수 있는 입찰

② 제한경쟁입찰(restricted bid): 입찰 참가자의 자격(주소지, 도급한도액, 공사실적, 특수기술 보유 등)으로 입찰참가자를 제한
지역제한경쟁계약, 군제한경쟁계약, 설계능력평가금액제한경쟁계약, 실적제한경쟁계약

③ 지명경쟁입찰(limited bid): 필요 자격(특수기술, 설비, 물품 보유, 등)의 사전서류심사로 입찰 참가자를 선정 지명하여 입찰 참가 자격을 부여함(비교견적입찰)

(3) 대안입찰(代案入札)

발주자가 제시한 설계의 일부 공종에 대하여 응찰자가 대안설계를 제시하도록 하고 심사 평가하여 도급자를 선정하고 체결하는 계약

1.6.4 낙찰자 선정 방식

(1) 부찰제

예정가격과 예정가의 85% 이상 금액으로 응찰한 입찰가의 평균을 산출한 후 이 평균치 이하로서 평균치에 가장 가까운 금액으로 낙찰자를 결정하는 방법

(2) 최저가 낙찰제

최저 가격으로 낙찰자를 결정하는 방법

(3) 제한적 최저가 낙찰제

예정가의 85% 이상에서 가장 낮은 가격으로 낙찰자를 결정하는 방법

(4) 적격심사 낙찰제

입찰가격으로 낙찰 예정자를 선정하고 기술능력, 공법, 품질관리 능력 등을 평가 심사하여 종합적으로 낙찰자를 결정하는 방법

1.6.5 도급금액(공사비) 결정 방법

(1) 정액도급(state sum contract)

공사비 총액을 확정하여 계약하는 방식

(2) 단가도급(unit price contract)

단위 공사의 단가를 확정하고 준공 후에 실시 수량에 따라 정산하는 방식

(3) 실비정산 보수가산 도급(cost plus contract)

공사의 실비를 시행자와 도급자가 확인 정상하고 시행자는 미리 정한 보수율에 따라 도급자에게 보수액을 지불하는 방식

1.6.6 도급계약 체결 방식

(1) 용역 수행 방식에 따라

① 설계시공분리계약(seperate 또는 traditional contract)
설계자와 시공자를 별도로 선정하여 계약 체결

② 설계시공일괄계약(design-build contract, turn key contract)
한 도급자가 기본설계, 실시설계, 조달, 공사를 일괄 수행하는 계약 방식

③ 조기착공계약(fast track contract)
한 도급자가 설계와 시공을 일괄하여 수행하되 설계와 시공의 일부를 병행하여 공기를 단축하는 방식

④ 공동계약(joint venture contract)
다수의 업체가 공사를 공구 또는 공종으로 분할하여 수행 또는 또는 투자비율에 따라 공동 책임으로 공사를 수행하도록 하는 계약

(2) 용역비 지급방법에 따라

① 건설사업관리계약(CM contract)
발주자가 전문 CMr에게 공사 수행의 전 과정을 위임하여 수행하는 방식

② 공사비 비례계약(ad valorem contract, percentage contract)
공사비를 개략적으로 산정하고 그 것의 일정비율을 용역비로 인정하는 계약

③ 시간기준계약(time based contract)
용역 기간을 기준으로 용역비를 책정

④ 인월(人月)계약(man-month contract)
용역에 참여한 기술자의 등급과 참여 기간으로 용역비를 산출하는 계약

⑤ 총액계약(lump sum contract)
용역비 총액을 확정하고 체결하는 계약

⑥ 단가계약(unit price contract)

용역 내용에 따라 작업의 단가를 정하고 과업 수량으로 용역비를 정산

⑦ 실비정산계약(cost plus fee contract)

용역 수행에 소요된 비용을 실비정산하고 발주자가 정해진 보수를 지불

1.7 토목설계 관련 용어

1.7.1 일반 용어

- 사회간접자본(SOC; social overhead capital): 도로, 철도, 항만, 공항, 상하수도, 전력, 통신시설 등 공공의 이익을 위한 시설
- 사회기반시설(infra-structure): 시민 생활과 경제활동에 필수적인 제반 시설
- CALS(continuous aqusition & life-cycle systems): 건설사업의 설계, 입찰, 시공, 유지관리의 전 과정에 관한 정보를 정보통신망을 이용하여 교환, 공유하는 시스템
- 설계(設計): 사업주가 원하는 구조물이나 시설의 구체적 형태, 크기, 재료, 시공법을 결정하는 행위
- 설계도서(設計圖書): 설계도면, 구조계산서, 공사시방서, 부대도면, 관련서류
- 감리(監理): 공사 과정과 품질이 설계대로 수행되는지 감독 관리하는 행위
- 시공(施工): 구조물을 설계에 따라 제작, 설치하는 행위
- 용역(用役): 타인의 위탁으로 기술 업무를 수행하는 행위
- 직영(直營): 사업자가 도급자를 선정하지 않고 직접 수행하는 사업수행 형태
- 도급(都給): 발주자와 계약을 체결하여 사업을 수행하고 대가를 받는 행위

1.7.2 입찰과 계약 용어

- 사업주(事業主): 민간 건설사업의 시공주
- 발주자(發注者): 정부나 공공단체가 시행하는 건설사업의 시행청
- 발주(發注): 사업주가 사업 수행자 선정, 계약 체결을 위해 하는 행위

- 일괄(一括) 발주: 사업 전체를 한 설계사와 도급계약을 맺어 시행
- 분할(分割) 발주: 여러 개의 부분으로 구분하여 도급계약을 맺어 시행
- 수주(受注): 발주자로부터 사업 수행자로 선정되어 도급 계약을 체결함
- 입찰(入札): 다수의 지원자에게 사업계획, 예정비용을 제시하게 하여 경쟁을 통하여 도급자를 선정하는 행위
  - 일반경쟁(一般競爭) 입찰: 도급 희망자의 자격에 제한을 두지 않음
  - 제한경쟁(制限競爭) 입찰: 일정한 자격을 갖춘 도급 희망자를 대상으로 함
  - 지명경쟁(指名競爭) 입찰: 발주자가 입찰 참여자를 미리 지정
  - 대안(代案) 입찰: 발주자가 제시한 사업 계획이나 설계와 다른 내용을 입찰자가 제시하도록 하는 입찰

- 낙찰(落札): 입찰자가 발주자로부터 도급자로 선정 됨
- 최저가(最低價)낙찰: 가장 낮은 가격을 제시한 응찰자에게 낙찰
- 적격심사(適格審査)낙찰: 공사가격과 함께 공사수행능력 등을 종합적으로 평가하여 낙찰자를 결정
- 응찰(應札): 입찰에 응함
- 투찰(投札): 원하는 공사가격을 써냄
- 개찰(開札): 입찰서를 개봉
- 유찰(流札): 입찰결과 낙찰되지 않고 무효가 됨
- 재입찰(再入札): 다시 입찰함
- 견적(見積): 공사비를 대략 계산
- 적산(積算): 설계도서에 의해 상세한 공사비를 정산(精算)

- 계약(契約) 방법
  (1) 수의(隨意) 계약: 사업주가 임의로 특정한 용역사와 계약조건을 협의하여 계약 체결
  (2) 경쟁입찰 : 입찰(入札, bid)을 통하여 다수의 희망자가 동일한 계약조건을 기준으로 하여 공사가격을 제안하여 경쟁을 통하여 체결하는 계약
  - 제한경쟁(制限競爭): 입찰 희망자의 자격에 제한을 두지 않음

- 일반경쟁(一般競爭): 입찰 참가자의 자격(주소지, 도급한도액, 공사실적, 특수기술 보유 등)으로 입찰참가자를 제한

(3) 기타

● 계약형태

(1) • 확정(確定)계약: 발주자가 예정가를 확정하고 도급자의 동의하에 체결하는 계약
  • 개산(概算)계약: 시험, 조사, 연구 용역 등에서 사전에 예정가를 확정할 수 없을 때 체결하는 계약

(2) • 총액(總額)계약: 공사금 산출 내역서 없이 총액으로 계약으로 단기, 소규모 공사와 같이 사업시행 기간 중에 물가, 노임, 자재 물가 변동이 고려되지 않음
  • 단가(單價)계약: (수량 × 단가)로 총 공사비를 결정하여 계약을 체결하고 사업중에 설계변경으로 총액이 변경 될 수 있음
  • 실비정산(實費精算)계약: 수의계약에서 시행하는 계약방법으로, 직접공사비는 공사진행에 따라 사업주가 정산하고, 시공자의 수수료는 다른 조건(정액, 정률, 변동)으로 계약

(3) • 장기계속(長期繼續)계약: 장기간 공사가 필요한 경우에 체결하는 계약
  • 단년도(單年度)계약: 1년 안에 만료될 수 있는 공사의 계약

(4) • 단독(單獨)계약
  • 일식(一式)도급계약: 단독 업체가 도급자로서 체결하는 계약
  • 분할(分割)도급계약: 전체공사를 유형이 다른 몇 개의 부분공사로 구분하여 전문 시공자와 도급계약을 체결

(5) • 공동도급계약: 둘 이상의 도급자가 공동으로 참여하여 체결하는 계약
  • 공동운영방식(joint venture): 참여 도급자가 출자비율에 따라 책임과 손익을 분담
  • 분담운영방식(consortium): 참여 도급자가 공구 또는 업종 별로 공사를 분담하고 자기 분담 부분을 책임 수행

(6) 턴키(turn key)도급계약: 설계와 시공을 일괄도급 방식으로 수행하는 도급

1.7.3 설계법 용어

● 설계의 단계

- 개념(槪念)설계: 필요한 구조물의 대략적인 위치, 형식, 규모, 기능을 결정하는 작업
- 기본(基本)설계: 개념설계에서 결정된 구조물의 위치, 형식, 규격, 재료, 치수, 시공법, 공사비, 공사기간 등을 구체화하여 실시설계를 위한 자료를 제공하는 작업
- 실시(實施)설계: 기본설계의 세부적인 사항에 대한 면밀한 검토를 통하여 문제점을 수정 보완하고 구조물 각 부분의 상세설계를 실시하여 구조물 시공에 적용할 최종의 설계

● 설계법(設計法): 구조물의 안전성과 사용성을 확보하기 위하여 적용하는 설계 기법으로서 허용응력(許容應力)설계법, 강도(强度)설계법, 한계상태(限界狀態)설계법이 있다.

① 허용응력설계법: 설계하중에 의해 발생되는 부재단면의 응력이 재료의 허용응력을 초과하지 않도록 난면형상 및 치수를 선정하는 설계방법이다. 이 설계방법은 응력과 변형률이 비례한다는 선형탄성이론(線型彈性理論)을 근거로 한다. 재료의 강도, 작용하중의 크기 및 해석방법 등의 불확실성은 적절한 안전율(安全率)을 사용하여 해결한다.

② 강도설계법: 구조물을 파괴에 이르도록 하는 극한하중과 구조물의 파괴형상을 예측하고 구조물의 사용성을 고려하여 설계한다. 이때 극한하중은 구조물의 중요도와 하중형태에 따른 변화와 불확실성을 고려한 하중계수를 사용하중에 곱하여 산정한다.

③ 한계상태 설계법: 하중(荷重)-저항계수(抵抗係數) 설계법이라고 하며, 사용 하중에는 하중계수를 재료 특성에는 저항계수를 적용하여 불확실성을 극복함으로써 안전을 확보하는 설계법이다.

1.7.4 설계도서 용어

- 설계도서 : 설계 결과를 나타내는 도면과 문서

(1) 기본설계 보고서

(2) 실시설계보고서

(3) 구조 및 기타계산서

(4) 공정계획서

(5) 설계도면

(6) 지형지적도 및 조서

(7) 공사시방서

(8) 설계예산서설계변경

- 시방서(示方書): 구조물 설계와 시공에서 지켜야하는 규격, 품질 및 시행방법을 규정한 문서

(1) 일반시방서(general specifications): 토목공사의 일반적 공종에 대한 시공 기준을 제시한 시방서

예: 토목공사일반시방서

(2) 표준시방서(standard specifications): 시설물의 안전과 공사시행의 적정성과 품질확보를 위하여 시설물 별로 정한 표준적인 시공기준. 발주자 또는 설계자가 공사시방서 작성에 활용함

예: 도로교표준시방서, 철도교표준시방서, 고속철도설계표준시방서, 콘크리트 표준시방서, 건축물의 구조기준 등에 관한 규준

(3) 전문시방서(special specifications): 시설물별 표준시방서를 기본으로 하여 모든 공종을 대상으로 하여 특정 공사의 공사시방서 작성에 활용하기 위한 종합적인 시공 기준

(4) 특별시방서(particular specifications): 개별 공사를 위하여 작성된 시방서로서 일반, 전문시방서에 기재되지 않은 내용을 보충, 삭제, 수정, 추가한 시방서. 토목설계자가 공사시방서로 작성하는 시방서

1.7.5 과업 수행 용어

- 공정(工程): 공사 수행 과정
- 착공(着工): 공사 착수
- 기성(旣成): 현재까지 수행한 용역 도는 공사
- 준공(竣工): 공사 완료
- 계약이행보증: 계약조건에 따라 수주자의 의무를 다 하도록 하기위해 계약 체결 시에 요구하는 보증
- 하자이행보증 : 계약조건에 따라 수주자의 의무를 다 하도록 하기위해 준공 완료 후에 요구하는 보증
- 지체보상률 및 지체보상금 : 계약기간내에 계약상의 의무를 이행하지 못한 때에 발주처에 지불하는 금액

- 착수금: 계약을 체결할 때, 당사자의 한쪽이 상대방에게 교부하는 금전, 기타의 유가물(有價物)
- 전도금: 계약(契約)을 이행(履行)하기전에 주는 대금(代金)이나 교부금(交付金)
- 선급금: 발주자(혹은 원도급자)로부터 미리 대금을 받아 공사를 수행하는 금액
- 중간불: 공사도중에 지불하는 도급금액의 일부
- 기성대금: 공사의 진척도 또는 진행정도에 따라 지급되는 금액
- 기성불: (중간불)공사도중에 지불하는 도급금액의 일부
- 기성고: 공사의 진척도 또는 진행 정도
- 준공불: 공사가 준공되었을때 지급되는 금액

- 준공대금: 공사가 준공되었을때 지급되는 금액
- 기성검사: 공사의 진척도 도는 진행정도를 검사
- 준공검사: 공사의 완성을 검사
- 클레임: 계약 내용이나 설계, 시방 등에 어긋난다고 계약 상대에게 불만을 표시하고 시정이나 보상을 요구함
- 분쟁: 이해 당사자들 간에 의견이 일치하지 않고 합의가 이루어지지 않아 문제가 발생한 상태

- 품: 작업 수행에 소요되는 인원의 수 또는 작업 시간
- 품셈: 단위 공사량(단위 길이, 단위 면적, 단위 부피, 단위 개소)에 소요되는 품수 계산
- 공기(工期): 공사 소요 기간
- 공비(公費): 공사 비용

발표와 토의

4~5명으로 조를 이루어 조별로 다음의 주제에 대하여 조사하고 그 결과를 발표한 후에 토의를 한다.

주제 1: 일반 공학설계와 토목설계의 차이점을 가능한 많이 찾아내어라.
주제 2: 좋은 토목 설계자가 갖추어야할 자질에 대하여 가능한 많이 찾아내어라.

설계의 과정 2

2.1 구조물 설계순서

건설사업은 | 계획 ⇨ 조사 ⇨ 설계 ⇨ 시공 ⇨ 사용중 유지관리 | 로 이루어지고, 설계과업에는 계획, 조사, 설계, 시공법 결정, 유지관리 지침 작성이 포함되며 설계과업 수행의 흐름은 대개 그림 2.1과 같은 절차를 따른다. 구조물 설계는 진행과정에 따라 다음과 같은 단계를 거치게 된다.

(1) 개념(槪念)설계 단계

현존하는 위험, 불편, 부족, 저효율 등의 문제와 장래 예측(문제 해결 후의 상황 변화)을 정밀하게 조사, 분석, 판단하여 해결해야할 문제를 명확히 정의한 후에 문제해결 방안으로서 가능한 여러 형태와 규모의 구조물을 검토, 비교하여 건설의 필요성과 타당성을 판단하고 대체적인 공비와 공기를 산정한 후 재원조달 방안을 결정한다.
구조물의 대략적인 위치, 형식, 규모, 기능, 형태를 결정한다.

(2) 기본(基本)설계 단계

개념설계에서 결정된 구조물에 대하여 현장 조건, 기술 수준, 경제성, 환경영향, 사회문화적 조건을 검토하여 개념설계를 수정, 보완, 구체화하여 구조물의 위치, 형식, 규격, 재료, 치수, 시공법, 공사비, 공사기간 등을 결정하고 설계도면과 보고서를 작성한다.

(3) 실시(實施)설계 단계

기본설계의 세부적인 사항에 대하여 정확한 역학적 검토와 면밀한 검토를 통하여 문제점을 수정 보완하고 구조물 각 부분의 상세한 형태와 치수, 재료, 시공법등을 결정하는 상세(詳細)설계를 실시하여 구조물 시공에 적용할 최종의 설계를 완성한다. 시공용 설계도면(shop drawings)을 그리고 시방서, 유지관리방안, 계측계획서를 작성한다. 공종별 공사비와 공기를 산출하고, 시공 중에 발생할 수 있는 환경문제에 대한 대비책을 수립해야한다.

2.2 구조물 계획

2.2.1 수요조사(需要調査)

현안 문제의 해결방안으로 검토 되고 있는 토목 시설이나 구조물에 관련된 모든 사항을 면밀히 조사하여 구조물 계획의 타당성 판단의 기초 자료로 사용한다. 수요 조사에는 다음과 같은 내용이 포함된다.

- 현재의 상태: 현재 겪고 있는 위험, 불편, 미비, 부족, 주민의 요구, 장래 계획을 위한 필요성 등
- 구조물 건설 중에 발생할 수 있는 상황: 자금 문제, 기술적 문제, 공사 시공의 사회적 영향, 환경 영향, 문화적 영향, 주민 불편 등
- 구조물 건설 후에 예상되는 효과: 경제적 효과, 사회적 영향, 환경 영향, 문화적 영향 등

2.2.2 문제 정의(定義)

수요조사 결과를 토대로 하여 구조물 계획을 위한 문제정의를 수행한다.

- 구조물이 왜 필요한가?
- 어떤 구조물이 필요한가?
- 구조물이 언제 필요한가?
- 구조물을 어떻게 건설할 것인가?

이러한 사항에 대하여 경제적, 기술적, 사회적, 환경적 판단을 내린 후, 시행할 구조물의 목적, 기능, 개략적인 규모와 건설시기를 결정하여 명확한 문제정의문(과업의 목적과 개요)을 작성한다.

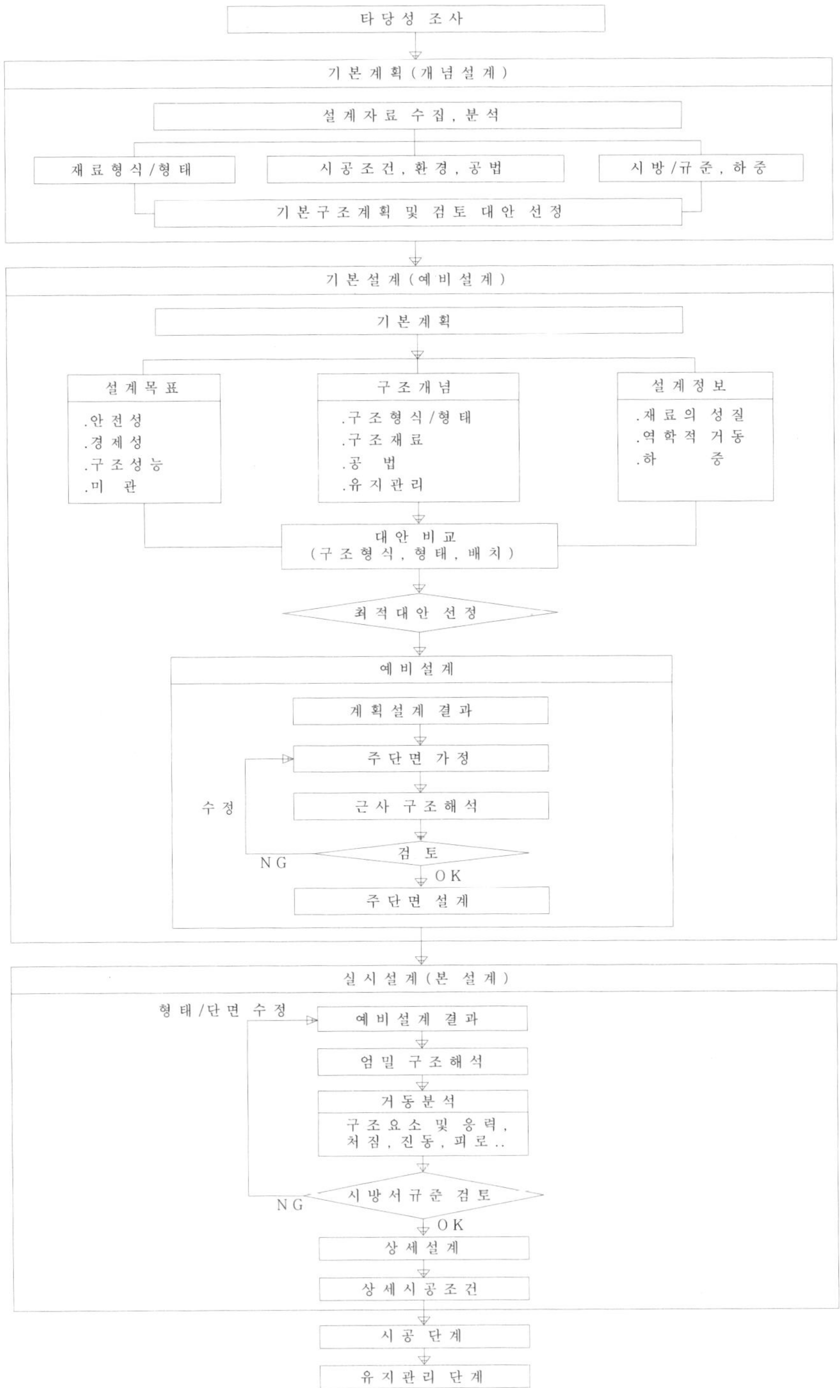

그림 2.1 구조물 설계 흐름도

2.2.3 타당성 검토(妥當性 檢討; feasibility study)

문제정의에서 제시된 사업은 다음과 같은 타당성 검토를 거쳐야 한다.

- 구조물의 필요성: 구조물 건설이 꼭 필요한가?
- 구조물 건설의 경제성: 구조물 건설에 투자될 비용과 창출될 경제적 효과를 대비하여 유익한 경제적 효과를 얻을 수 있는가?
- 구조물 건설의 사회적, 문화적 영향: 구조물이 건설됨으로써 사회에 미칠 영향, 주민 여론, 지역의 역사전통과 문화에 미칠 영향에 문제는 없는가?
- 구조물 건설의 환경과 생태계에 대한 영향: 구조물 건설이 자연 생태계와 생활 환경에 해로운 영향을 미치지는 않는가?
- 구조물 건설의 기술적 문제: 목적 구조물을 성공적으로 건설하는데 기술적 문제는 없는가?

위와 같은 검토를 통하여 문제해결의 여러 대안 중 가장 유익하고 효과적이며 긍정적인 방안을 찾는다.

2.2.4 개념(槪念)설계(conceptual design)

타당성 검토 결과로 사업 시행의 타당성이 검증되면 구조물의 개략적인 위치, 규모, 기능, 재료 등에 대한 여러 가지 대안 중 최적안을 결정한다. 이러한 과정을 개념설계라 하고 기본설계 용역 발주에 사용한다. 개념설계는 개략적인 수치와 조건을 적용한 설계로서 구조물 계획을 위한 기초 자료이다.

2.3 설계를 위한 조사

2.3.1 자료조사

자료조사란 공사에 관련된 문헌, 도면, 통계표, 사진, 녹음, 영상 등에서 필요한 정보와 지식을 얻는 것을 말한다. 자료조사의 대상이 되는 것들은 다음과 같다.

- 지형 자료: 지형도, 지적도, 교통도, 농경도, 임야도, 도시계획도
- 지질 자료: 지질도, 지질-지반 조사 보고서, 건설지, 공사보고서, 학술지
- 기상 자료: 기상통계표, 재해연보
- 수리, 수문 자료: 수리-수문 조사자료, 조위표
- 기술 자료: 건설지, 설계보고서, 시방서, 설계기준
- 법규 및 기준: 건설관련 법규, 환경기준, 노동법, 문화재보호법, 등
- 경제 및 물가 자료: 물가 시세표, 경제 분석 및 예측 보고서
- 사회 환경 자료: 지방사, 신문철

2.3.2 조사측량

공사 대상지역의 지형과 하천, 현존 구조물, 지하 매설물, 토지 경계 등에 대한 정보를 얻기 위해서는 공사종류에 따라 필요한 정밀도로 현지 측량을 해야 한다.

- 지형측량(地形測量): 지표면의 높낮이와 하천, 도로 등 지형지물의 위치를 측정
- 수준측량(水準測量): 지표의 표고(標高; 해발 고도)를 측정
- 지적측량(地籍測量): 토지의 경계를 측정
- 기타: 수위(水位)측량, 수심(水深)측량, 지장물(支障物)측량, 문화재 및 기념물 측량, 토취장(土取場)측량 등

2.3.3 현지조사

경험 많은 기술자가 현지에서 공사에 필요한 여러 가지 정보를 수집하는 것을 현지조사라 한다.

(1) 설계계획조사

현장답사를 통하여 지형, 지역여건 및 본 설계와 관련된 관계기관의 장래계획 등을 조사하여 설계자료로 활용하여야 한다.

(2) 토공조사

토공설계에 필요한 기초자료를 수집하기 위한 사전조사로서 토질의 상태, 토취장 및 사토장 후보지, 공사용 가도, 설치계획 등의 자료로 활용한다.

(3) 구조물조사

해당지역의 현존 규조물, 건설이 계획된 다른 시설과 구조물 현황 등을 조사하여 설계에 반영하여야 한다.

(4) 배수조사

하천, 관개시설, 기존 용·배수시설을 조사하여 설계에 반영하여야 한다. 특히 교량이 설치될 하천에 대하여는 최고·최저 홍수위선 등 수문 통계자료를 조사하여 수리계산서에 명기하고 실시설계에 활용하여야 한다. 또한 현지주민을 통하여 수집한 기상자료도 설계에 참고하여 활용할 수 있다.

(5) 지하매설물 조사

공사 대상지역에 설치된 지하매설물을 조사하고 현황 및 이에 따른 대책을 수립 하여야 한다.

(6) 관련계획조사

주변의 건설계획을 조사하여 설계시 반영한다.

(7) 수리수문 및 기상기후 조사

건설지역의 수리수문 및 기상기후 조사를 하여 설계 자료로 활용한다.

(8) 환경영향 및 저감방안조사

지역의 관계기관 및 지역주민과 협의를 거쳐 환경영향 저감방안을 수립하여야 한다.

(9) 문화재유적조사(유적지 유물조사, 지표지질조사 등)

기본설계 대상 지역의 문화재 관련법 저촉여부 조사, 문화재유적 자료조사를 하여 처리의견을 제시한다.

(10) 임상조사

임상이 양호한 삼림지역 훼손 여부를 파악한다.

(11) 용지 및 지장물 조사

가. 용지 조사

기본설계 대상지역의 지적도에서 지번을 추출하여 토지현황조사를 실시하고 아래 사항을 참조하여 토지의 표시, 소유자, 관계인 권리관계, 용도지역(지구) 등을 조사한다.

1) 토지(임야)대장
2) 토지(건물)등기부 등본
3) 지적도(임야도)
4) 건축물 관리(가옥)대장
5) 도시(국토이용)계획 확인원

나. 지장물 현황조사

계획된 용지에 편입되어 보상 대상이 되는 지장물 조사에는 다음사항이 포함되어야 한다.

1) 건물조사
2) 입목조사
3) 분묘조사
4) 농작물 조사
5) 전주조사(철탑포함)
6) 지하매설물 조사
7) 축산조사
8) 영업권 조사
9) 세입자 조사
10) 기타(지장이 되는 물건)

(12) 교통조사

1) 과업구간 및 인근 도로 현황과 교통량
2) 과업구간 및 인근마을의 위치 및 진출입 동선

2.3.4 지반조사와 시험

1) 개략조사(예비조사): 기본설계와 본조사 계획을 위하여 대상 지역 전체의 개략적인 지반조건을 조사함
2) 정밀조사(본조사): 실시설계를 위한 정밀 조사. 구조물 위치에 따라 조사의 정밀도와 수량을 달리하여 시행함
3) 토질 및 암석 시험: 조사과정에서 채취한 흙과 암석 시료에 대한 실내 시험
4) 지질조사: 대상 지역의 지질 조건, 기반암의 종류와 풍화도, 단층과 절리 등 불연속면 분포 상태 등을 조사함

2.3.5 토취장과 골재원 조사

1) 하천골재원 조사
2) 석산(쇄석 골재의 공급원) 조사
3) 재생골재원 조사
4) 토취장 조사
5) 각종 자재 공급원 조사

2.3.6 환경영향 조사

구조물 건설이 환경에 미치는 직접, 간접적 영향요인을 조사하고 환경영향 예측 및 저감대책을 수립한다.

1) 문화재
2) 동식물 생태계
3) 경관(景觀)
4) 소음, 진동, 분진
5) 수질
6) 대기질

2.3.7 사회문화조사

지역의 역사와 전통, 지역 문화, 종교와 신앙, 주민 여론 등을 조사한다.

2.4 구조물 설계

2.4.1 구조물 설계의 조건

모든 구조물은 다음과 같은 조건을 만족하도록 설계되어야 한다.

① 안정성(安定性): 구조물 자체의 역학적 안정을 유지하도록 견고하고 지나친 변위가 발생하지 않음

② 안전성(安全性): 구조물이 이용자에게 위험이나 불안감을 주지 않음

③ 사용성(使用性): 구조물이 본래의 목적기능을 효율적으로 발휘할 수 있는 배치와 형태를 갖추고 사용 중에 원형을 유지함

④ 내구성(耐久性): 사용 수명 중 안전성과 안전성이 유지되도록 구조물의 각 부재가 소요의 내구성을 가짐

⑤ 경제성(經濟性): 투자비용 대비 부가가치가 최대가 되어 경제성이 극대화되는 설계

⑥ 시공성(施工性): 적용 가능한 기술과 자재를 고려하여 안전 시공이 가능한 구조물과 시공법 선정

⑦ 친환경성(親環境性): 시공 중이나 완공 후 주변 자연생태계나 주민의 생산활동과 일상생활에 해로운 영향을 최소화 할 수 있는 구조물

⑧ 역사성(歷史性): 구조물이 위치하는 지역의 역사적 전통을 훼손하지 않을 구조물

⑨ 문화성(文化性): 구조물이 지역문화 발전에 도움이 될 수 있는 위치와 형태를 갖춤

⑩ 친밀감(親密感): 구조물이 주변 자연경관과 잘 조화되고 주민들의 정서에 잘 부합되어 친밀감을 주는 형태를 갖는 구조물

2.4.2 구조물의 중요도와 설계 기준

(1) 구조물의 중요도

구조물은 그 기능과 사고가 발생했을 때의 예상 피해 규모에 따라 그 중요도가 결정된다.

- 중요도가 매우 높은 구조물: 대형 댐, 원자력 발전소, 초고층 빌딩, 고속철도 등
- 중요도가 높은 구조물: 발전소, 병원, 학교, 고층 빌딩, 정부청사 및 공공시설, 소방서, 경찰서, 교도소 등 다중 이용 시설, 고속도로, 철도, 지하철, 공항, 중요 항만, 장대교량, 장대 터널, 폭발물이나 유독성 화학물질 취급 시설, 고압 가스 저장 및 취급 시설 등

(2) 설계 기준

구조물의 기능과 중요도에 따라 구조물이 갖추어야할 안정성과 사용성에 대한 요구조건이 달라진다. 이러한 설계 요구 조건에 따라 설계 기준이 설정된다. 설계 기준에는 다음과 같은 사항이 포함된다.

- 구조물에 작용하는 외력(하중)의 종류와 크기
- 사용 재료의 특성(강도, 강성, 안전성, 내구성, 등)
- 구조물의 파괴에 대한 안전율
- 허용 침하량과 허용 변형량
- 적용할 기상과 수문 통계의 수준
- 허용 환경 기준
- 구조물 설계법
- 시공법
- 기타

2.5 예정공정표 작성

공사 기간을 계산하기 위해서는 먼저 전체 공사를 여러 개의 단위공정들로 분류하고 각 단위공정에 필요한 공기를 계산한다. 공종에 따라 병행 가능한 공종과 순차적으로 이루어져야할 공종이 있으므로 공종별 시공 순서를 결정한다. 공기는 다음에 설명할 막대공정표(bar chart method)나 네트워크법(network method)을 이용하여 결정한다.

(1) 막대공정표법

그림 2.2에서 보는 바와 같이 가로축은 소요 일 수를 그리고, 세로에는 공종별 작업을 열거한다.

① 단위 공정 별 작업 순서를 결정하여 초기에 시작해야할 공정부터 기입한다.
② 공종별 소요 일 수를 계산한다.
③ 작업의 순서대로 소요 일 수만큼을 막대로 표시한다.
순차적 작업이 이루어져야하는 것은 앞 단계 작업이 끝난 부분에서 시작하고, 병행작업이 가능한 작업은 별도의 시작 일을 결정하여 막대를 그린다.
④ 모든 공종의 작업에 대한 막대를 그리면 총 공기가 결정된다.

(2) Network법

공사의 진행 과정을 작업(activity), 명목작업(dummy), 결합점(event)을 이용하여 망공정표(network)로 작성하는 방법이다.

- 작업은 선행작업, 후속작업, 병행작업의 세 가지로 구분하며 화살표(→)로 표시하고 화살표 위에는 작업의 명칭을, 아래에는 소요일수를 기재한다.
- 명목작업은 작업의 선후관계를 표시하는 것으로 점선(⇢)으로 표시한다.
- 결합점은 작업의 시작과 끝을 나타내며 다음 작업과 연결되는 점으로 ①,②,③,④와 같이 원과 번호로 표시한다.

공사명 : 00 전화국 인입 통신구 공사

구 분	구조물공	금 액 (원)	가중치 (%)	2001년 5/30	6월	7월	8월	9월	10월	11월	12월	2002년 1월	2월	3월	4월	5월	6월	7월	8월	9월	10월	11월	12월	2003년 1월	2월	3월	4월	5월	6월	비 고 (공정)
가설공		111,600,000	1.61																											100
터널공	토 공	2,732,800,000	39.37																											90
	지보공	334,200,000	4.81																											80
	구조물공	512,000,000	7.38																											
	부대공	287,600,000	4.14																											70
수직구공	토 공	1,021,100,000	1.98																											
	지보공	137,600,000	6.73																											60
	구조물공	467,000,000	5.75																											
	부대공	398,800,000	1.45																											50
개착공	토 공	100,800,000	2.48																											
	지보공	172,200,000	1.19																											40
	구조물공	162,300,000	2.53																											
인공및 관로공	토 공	46,900,000	0.68																											30
	구조물공	56,600,000	0.80																											
차수공		97,400,000	1.40																											20
포장공		38,900,000	0.85																											
지 지 구조물공		101,500,000	1.46																											10
부대공		219,700,000	3.17																											
합계 공정율(%) 계획	6,941,000,000		월 계	0.00	0.71	0.90	0.87	1.71	2.84	2.69	5.84	8.02	6.13	5.23	5.34	6.71	7.50	7.20	7.16	4.34	5.36	2.47	2.60	3.68	3.11	3.55	4.15	1.78	0.10	
			누 계	0.00	0.71	1.51	2.48	4.20	7.04	9.73	15.57	23.59	29.72	34.95	40.29	47.00	54.50	61.70	68.86	73.20	78.56	81.03	83.63	87.31	90.42	93.97	98.12	99.90	100.0	공정 (%)
실시	월		계																											
	누		계																											

그림 2.2 막대공정표

모든 작업이 공정표 안에서 작업의 선후와 병행을 고려하여 다른 작업과 연결되도록 망을 그리고 착공에서 준공에 이르는 경로 중 소요일수가 최대인 것이 예정 공기가 된다. 작업 배치와 망 구성에 따라 공기를 최적화할 수 있다. 이 방법으로 개발되어 널리 사용되는 방법이 미국 듀퐁사에서 개발한 CPM(critical path method)이다. 현장의 공정관리에서는 CPM과 미 해군에서 개발한 작업 소요일수를 낙관치, 정상치, 비관치의 세 가지로 설정하고 작업 진행과정을 조정하는 기법인 PERT(program evaluation review technique)를 이용한 PERT/CPM법이 널리 사용되고 있다.

공사명 : OO 전화국 인입 통신구 공사

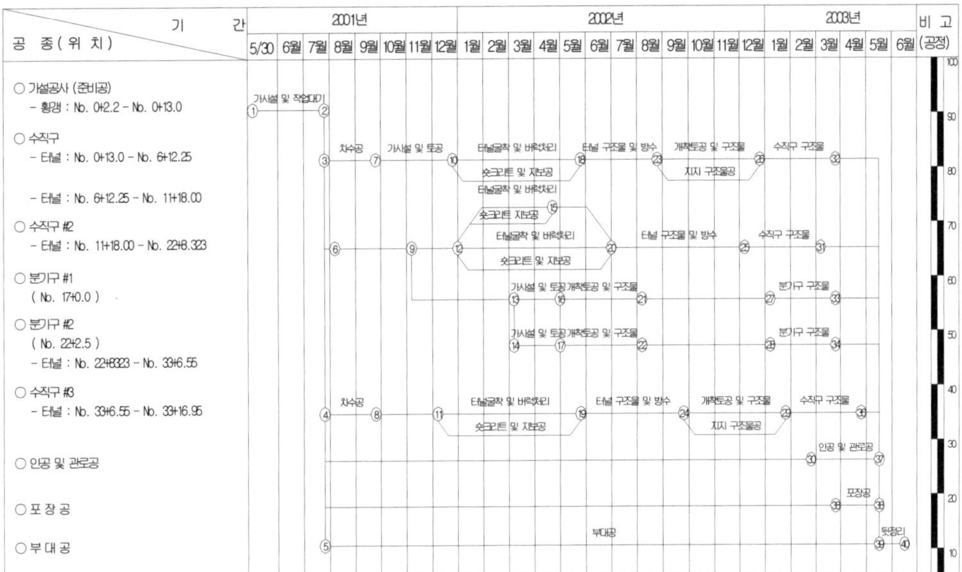

합계	공정율(%)			5/30	6월	7월	8월	9월	10월	11월	12월	1월	2월	3월	4월	5월	6월	7월	8월	9월	10월	11월	12월	1월	2월	3월	4월	5월	6월	비 고
	계획	6,941,000,000	월 계	0.00	0.71	0.90	0.87	1.71	2.84	2.69	5.84	8.02	6.13	5.23	5.34	6.71	7.50	7.20	7.16	4.34	5.36	2.47	2.60	3.68	3.11	3.55	4.15	1.78	0.10	
			누 계	0.00	0.71	1.51	2.48	4.20	7.04	9.73	15.57	23.59	29.72	34.95	40.29	47.00	54.50	61.70	68.86	73.20	78.56	81.03	83.63	87.31	90.42	93.97	98.12	99.90	100.0	공정 (%)
	실시	월 계																												
		누 계																												

그림 2.3 네트워크 공정 계획

2.6 공사비 산출

일반적으로 공사비를 구성하는 항목은 아래와 같다.

<table>
<tr><td colspan="12">총공사비</td></tr>
<tr><td colspan="9">예정가격</td><td rowspan="5">관급자재비</td><td rowspan="5">용지비</td><td rowspan="5">설계용역비</td></tr>
<tr><td colspan="7">총원가</td><td rowspan="4">공사손해보험료</td><td rowspan="4">부가가치세</td></tr>
<tr><td colspan="5">순공사원가</td><td rowspan="3">일반관리비</td><td rowspan="3">이윤</td></tr>
<tr><td colspan="3">직접공사비</td><td colspan="2">간접공사비</td></tr>
<tr><td>재료비</td><td>노무비</td><td>경비</td><td>간접경비</td><td>현장관리비</td></tr>
</table>

그림 2.4 총공사비 구성

- 재료비:
  - 직접재료비: 구조물을 구성하는 재료와 그 부품비
  - 간접재료비: 공사에 사용되는 소모품, 소모성 비품, 가설 재료비

- 노무비:
  - 직접노무비: 공사현장에서 구조물 시공에 참여하는 인원의 임금 (표준 품셈에 따름)
  - 간접노무비: 현장 지원업무 인원의 노임=직접노무비 X 간접노무비율(15%)

- 경비: 전력비, 운반비, 기계경비, 기술료, 안전관리비, 환경보전비, 보상비 등 2 가지 비목

- 일반관리비: 회사를 운영하는데 드는 직원의 급료, 제수당, 여비, 차량비 등의 비용 = [(재료비+노무비+경비) × 일반관리비율(5 ~ 6%)]
- 이윤: [(노무비+경비+일반관리비) × 이윤율(15% 이하)]
- 공사손해보험료: 총원가 × 손해보험요율
- 부가가치세(VAT) = (총원가 + 공사손해보험료) × 부가가치세율(10%)
- 예정가격(예가): 국가나 공익단체에서 발주하는 공사에서 계약담당자가 계약체결시 낙찰자 선정기준으로 개산한 공사가격
(총원가 + 공사손해보험료 + 부가가치세)
- 관급자재비: 공사에 사용되는 자재의 일부(철근, 시멘트, 레미콘, 벙커C유, 휘발유 등)를 발주자인 국가가 공급하는 것을 재료의 비용
- 용지비: 공사에 편입되는 토지매입, 가옥이전, 지장물 이전, 측량, 등기, 수수료, 광고료 등의 비용
- 설계용역비: 설계용역을 시행하고 설계도서를 제조하는 비용

2.7 설계도서 작성

설계도서(drawings & specifications)는 공사 시공을 위한 기준과 지침을 포함하는 모든 도면과 문서를 뜻한다. 기본설계 도면, 실시설계도면, 지반조사보고서, 구조계산서, 공사시방서, 부대도면, 공사비산출 내역 등으로 구성된다.

(1) 설계도면(設計圖面)

설계도는 공사 시공자가 불편 없이 정확한 시공을 할 수 있도록 시공될 모든 구조물의 위치, 형태, 구조, 재료, 치수를 상세하고 명확하게 표시한 도면이다. 설계도는 표지, 목차, 공사 위치도, 시설물 배치도, 토공 도면, 구조물 도면, 주요 자재 일람표 등의 순서로 제본된다.

(2) 설계서(設計書)

설계서는 설계설명서, 구조 및 수리계산서, 시방서, 예정공정표, 공사비산출내역서, 일위대가표, 수량계산서 등으로 구성된다.

- 설계설명서: 공사의 목적, 시행 방법, 공사 개요 등을 기재
- 구조및수리계산서: 구조물의 크기, 모양, 배치, 재료에 따르는 안전성과 기능성에 대한 공학적 계산

- 시방서: 설계도나 계산서로 표시할 수 없는 공사 시공에 관련된 내용을 설명
- 예정공정표: 공종별 공사 소요기간과 전체 공사 기간에 대한 계획
- 공사비산출내역서: 공종별 공사량에 단가를 곱해서 공사비를 산출하여 정리

- 일위대가표: 복합단가. 재료원가와 재료를 가공, 설치하는데 소요되는 비용(노무비, 경비, 건설기계경비 등)을 합하여 단위면적당, 단위부피당, 또는 단위 무게당 가격으로 환산한 단가를 정리한 표
- 수량계산서: 공사의 공종별 세목을 산출하고 그 근거가 되는 계산식, 계산과정, 계산도 등을 정리한 것

(3) 시방서(示方書; specifications)

구조물 설계와 시공의 기준을 규정한 문서로서 설계도면에 표시할 수 없는 사항을 현장기술자들이 쉽게 이해하여 정확한 시공을 할 수 있도록 상세히 기술한 공사시방서를 작성한다.

발표와 토의

▶ 4~5명으로 조를 이루어 조별로 다음의 주제 중 하나씩을 선택하여 조사하고 그 결과를 발표한 후에 토의를 한다..

주제 1: 구조물의 안정성과 안전성 문제에 대한 사례

주제 2: 경제성 검토 시 "투자 대비 부가가치(cost-benefit)"의 개념

주제 3: 모든 토목 구조물은 주위의 환경에 영향을 미친다. 환경에 미치는 부정적 효과를 최소화하는 개발을 지속 가능한 개발이라 한다. 지속 가능한 개발의 사례

주제 4; 역사성이 뛰어난 토목 구조물의 사례

주제 5: 문화성이 뛰어난 토목 구조물의 사례

주제 6: 친밀감이 뛰어난 토목 구조물의 사례

지반조사 3

3.1 지반조사의 목적

모든 토목 구조물은 지반(地盤)에 설치된다. 따라서 지형과 지반의 공학적 특성은 토목 구조물 설계와 시공에 가장 큰 영향을 미치는 요소이다. 지반조사의 목적은 토목 구조물 설계와 시공에 필요한 다음과 같은 지반정보를 얻는 것이다.

- 지반의 성층(成層) 상태(subsoil profile)
- 지층의 공학특성(engineering characteristics of soil or rock layers)
- 지하수위 상태(ground water)
- 지반의 설계정수(engineering properties of soil or rock layers)

3.2 지반조사의 단계

토목 구조물 계획, 설계, 시공의 각 단계에서 각각 계획을 위한 지반조사, 기본설계를 위한 지반조사, 실시설계를 위한 지반조사, 시공을 위한 지반조사를 한다. 또한 대규모 공사에서는 본조사를 위한 예비조사와 추후에 추가조사를 하기도 한다.

(1) 예비조사(豫備調査) 또는 개략조사(槪略調査)

- 목적:
  ① 구조물 계획을 위한 개략적인 지반 정보 획득
  ② 중요하지 않은 소규모 구조물 설계를 위한 지반특성 획득
  ③ 본조사 계획을 위한 정보 수집
  ④ 토취장 조사

- 조사의 내용:
  ① 지형조사
  ② 지반 성층상태
  ③ 수문조사, 개략적인 지하수위
  ④ 인접 구조물과 굴착 현장 조사
  ⑤ 자료 조사(지형도, 지질도, 기존 지반조사 자료, 항공사진)
  ⑥ 지진활동 관련 자료 조사

- 조사 방법:
  ① 현장 답사
  ② 시추 조사와 시료채취, 원위치 시험, 실내시험
  ③ 물리탐사
  ④ 지표지질조사

(2) 본조사(本調査) 또는 정밀조사(精密調査)

- 목적:
  ① 중요하거나 대규모 구조물의 실시 설계를 위한 지반특성 획득
  ② 안전하고 경제적인 구조물 시공계획을 위한 정보 획득

- 조사의 내용:
  ① 지반의 성층 상태
  ② 지질조사(지표지질, 단층, 절리 등 불연속면, 지하공동, 암반 풍화도, 팽창성 암이나 토질, 붕괴성 지반, 폐기물 매립)
  ③ 지층의 전단강도, 변형특성, 다짐특성, 투수특성, 압축특성, 동적특성
  ④ 지하수위 조사

- 조사 방법:
  ① 현장 지질조사
  ② 시추 조사와 시료채취, 원위치시험, 실내시험
  ③ 지하수 조사,
  ④ 물리탐사

(3) 추가조사(追加調査)

본조사 결과에서 특이한 지반 특성의 변화 발견, 설계과정에서 추가의 정보가 필요, 또는 시공과정에서 특이한 변화가 발견될 때에는 수시로 추가조사를 한다. 추가조사에서는 경우에 따라 필요한 내용의 조사를 한다.

3.3 조사 대상 구조물과 조사 항목

지반조사는 조사 대상 구조물의 중요도에 따라 조사 내용을 달리한다. 구조물의 지반공학적 중요도는 세 등급으로 구분된다.

- 중요도 등급 1 : 대규모 구조물, 위험성이 매우 큰 구조물, 다루기 힘든 지반 또는 하중 조건, 지진 빈도가 높은 지역에 설치되는 구조물
- 중요도 등급 2 : 보통 규모의 구조물, 보통 정도의 위험성, 일반적인 지반과 하중 조건 등 특수하지 않은 일반 토목 구조물
- 중요도 등급 3 : 소규모 구조물, 위험성이 크지 않은 구조물

표 3.1에는 조사 대상 구조물에 따른 조사 항목이 정리되어 있다.

표 3.1 조사 대상 구조물에 따른 지반조사 항목

조사 대상 구조물	조사 내용	조사 방법
구조물(교량, 건물, 옹벽 등) 기초	지지층 확인, 지지력과 침하, 지하수위, 지하 공동	시추조사, 표준관입시험, 공내검층, 시료채취, 원위치 공내시험, 평판재하시험, 실내시험
도로, 철도	성토재 다짐특성, 토량변화율, 깍기부 리퍼빌리티, 깍기 비탈면 안정성, 동결 깊이, 지하수 용출	오거보링, 시굴조사, 지표지질조사, 시추조사, 표준관입시험, 물리탐사, 시료채취, 평판재하시험, 실내시험, 들밀도시험, 골재품질시험
호안, 방파제	강제치환 깊이, 지반개량공법 선정, 압밀특성, 전단특성, 사면안정	시추조사, 표준관입시험, 정적콘관입시험, 베인시험, 물리탐사, 시료채취, 실내시험
터널	갱문 위치, 굴착 및 지보 방법, 암반분류, 파쇄대, 불연속면, 지하수, 암반물성	지표지질조사, 시추조사, 표준관입시험, 물리탐사, 공내검층, 원위치 공내시험, 수압시험, 실내시험, 골재품질시험

조사 대상 구조물	조사 내용	조사 방법
댐, 저수지	지층 분포와 지지층, 지반의 투수성, 암반분류 및 투수성, 파쇄대와 불연속면, 사면안정, 침투 및 파이핑	시추조사, 표준관입시험, 물리탐사, 원위치 공내시험, 수압시험, 실내시험, 골재품질시험
지하 토류벽	토류벽 형식, 지하수 및 차수계획, 토압, 파이핑 및 히빙	시추조사, 표준관입시험, 정적콘 관입시험, 베인시험, 시료채취, 실내시험
연약지반	연약층 두께 및 분포, 압밀 특성, 전단 특성, 장비진입 가능성	시추조사, 표준관입시험, 공내검층, 시료채취, 원위치 공내시험, 평판재하시험, 실내시험
액상화 지반	지반 성층, 밀도, 지하수위, 액상화 대책	시추조사, 표준관입시험, 현장밀도시험, 상대밀도시험, 시료채취, 반복재하전단시험

3.4 지반조사 결과 이용

3.4.1 지반조사 보고서의 내용

(1) 조사지역의 지질 개요

지반조사 보고서에는 그 지역의 지질 개요가 기술된다. 지질 개요에는 지형과 수계(水系) 그리고 지역의 기반암을 이루는 암석의 종류와 생성기원, 단층의 존재 등과 같은 지표지질조사 결과가 기술된다. 이러한 지질 조건은 구조물 위치와 형식 결정을 위한 정보로 이용된다.

(2) 토질주상도(土質柱狀圖; drill log)

시추(試錐, boring 또는 drill) 조사 결과를 세로축에 깊이로 표시하고, 깊이에 따른 지층의 성층상태를 기둥 모양에 기호로 표시한 후에, 그 오른 쪽에 지층에 대한 공학적 기술(記述)과 원위치시험과 실내시험 결과를 표시하여, 지층의 상태를 일목요연하게 표시한 그림을 주상도(柱狀圖)라 한다. 주상도에 수록되는 공학적 특성은 일반적으로 다음과 같은 것들이다.

원위치시험 결과: SPT, CPT, 베인시험 등의 결과

실내시험 결과: 자연함수비, 액성한계, 소성지수, 일축압축시험 등의 결과

(3) 원위치시험과 실내시험

● 원위치 시험(in-situ tests)

- 표준관입시험(SPT): 시추공 안에 분리형원통시료기(分離型圓筒試料器, split spoon sampler)를 넣고, 63.5 kg 무게의 해머로 76 cm의 높이에서 낙하 타격하여 시료기가 30 cm 관입되는데 필요한 타격 수(N)로 지반의 특성(상대밀도, 전단강도, 지지력, 지반강성 등)을 간접적으로 측정하는 시험법으로 지반조사에서 가장 널리 사용된다.

- 콘관입시험(CPT): 원추를 지반 속에 정적으로 밀어 박을 때의 저항력을 측정하여 지반의 특성(전단강도, 압축성, 지지력, 압밀특성 등)을 간접적으로 측정하는 시험법으로 딱딱하지 않은 점성토 지반 조사에 널리 사용된다.

- 현장베인시험(FVT): 단면이 + 모양을 한 강철 날을 연약지반에 삽입하고 회전할 때의 저항력을 측정하여 연약지반의 전단강도를 측정하는 시험법이다.

- 프레셔미터시험(pressuremeter test): 보링 공에 고무 실린더를 장착한 탐봉(probe)을 삽입하고, 압력을 증가시켜서 탐봉의 고무 실린더를 팽창시키면서 압력과 튜브의 부피팽창량 측정 결과로 지반의 지지력, 강성 등을 측정하는 시험법이다.

- 현장투수시험(field permeability test): 현장에서 지반의 투수성을 측정하는 시험이다.

토 질 주 상 도

1 매 중 1

사 업 명	00 도시조성공사 토질조사	시 추 공 번	JCB - 07	시료채취 종류	◎SPT시료 ●코아시료
위치	충남 연기군 일원	현장조사기간	2006년 11월 24일	보 링 규 격	NX
작 성 자		지 하 수 위	GL(-) 0.0 m	케 이 싱 심 도	13.5 m
시 추 자		시 추 공 좌 표	X:330,694.701 Y:222,481.415	표 고(EL(+)m)	46.99 m

표고 (m)	심도 (m)	지층층후도	관찰
46.49	0.5	0.5	■ 전답토층(0.0~0.5m) 잔자갈 섞인 모래. 황갈색.
40.19	6.8	6.3	■ 풍화토(0.5~6.8m) 세립 내지 중립질 모래. 황갈색. 습함. 보통조밀~매우조밀함.
33.49	13.5	6.7	■ 풍화암(6.8~13.5m) 화강암의 풍화암. 굴진시 세립 내지 중립질 모래로 분해됨. 황갈색. 매우조밀함.
29.69	17.3	3.8	■ 연암(13.5~17.3m) 화강암의 연암. 회갈색. ◎ 절리상태 * 심도 13.5~15.1m. - 2조의 절리군(수평,경사). - 파동형. -거침. - 절리면 거칠기 지수 : 14~16. - 절리각 : 15°. - 절리면 부분적으로 산화됨. - 단주상 ~ 봉상 core 회수. * 심도 15.1~17.3m. - 1조의 절리군(수평). - 파동형. -거침. - 절리면 거칠기 지수 : 14~16. - 절리면 부분적으로 산화됨. - 봉상 ~ 장주상 core 회수. - 파쇄대 형성(16.7~17.3m)
28.99	18.0	0.7	■ 보통암(17.3~18.0m) 화강암의 보통암. 회갈색. ◎ 절리상태 * 심도 17.3~18.0m. - 2조의 절리군(수평, 경사). - 파동형. -거침. - 절리면 거칠기 지수 : 14~16. - 절리각 : 20°. - 절리면 부분적으로 산화됨. - 봉상 ~ 장주상 core 회수.
			심도 18.0m에서 시추종료

N치 (회/cm)	굴진속도 (분/30cm)	TCR (%)	RQD (%)	풍화정도	hardness	일축강도 (kg/㎠)	절리간격 최대 (cm)	최소	평균	비고
9/30										◎
9/30										◎
16/30										◎
23/30										◎
44/30										◎
50/16										◎
50/12										◎
50/7										◎
50/6										◎
50/9										◎
50/5										◎
50/4										◎
50/3										◎
		100	75	4	4		33	2	19	●
		100	50	4	4		48	3	28	●
		100	100	3	3		35	16	25	●

그림 3.1 토질주상도

● 실내시험(laboratory tests)

- 분류(分類)시험: 비슷한 성질을 가진 몇 개의 종류로 흙을 구분하는 것을 흙 분류라 하며 흙 분류에 적용되는 시험법을 분류시험이라 한다. 분류시험에는 체분석시험, 침강분석시험, 액성한계시험, 소성한계시험이 포함된다.

- 투수(透水)시험: 흙의 투수계수를 측정하는 시험

- 전단강도(剪斷强度)시험: 지반 속 한 면의 양측이 큰 상대 변위를 일으키는 것을 전단파괴라 하며 전단파괴가 발생할 때의 전단응력을 전단강도라 한다. 흙의 전단강도를 측정하는 시험에는 삼축압축시험, 일축압축시험, 직접전단시험, 베인시험 등이 있다.

- 다짐시험: 흙의 밀도를 증가시키는 것을 다짐이라 하고, 다짐 성질을 측정하는 시험을 다짐시험이라 한다.

- 압밀(壓密)시험: 흙이 높은 압력을 받을 때 속에 있는 물이 서서히 배출되면서 압축되는 현상을 압밀이라 하며 점토의 압밀특성은 압밀시험으로 측정한다.

- 동적특성(動的特性)시험: 지반이 진동이나 반복적인 하중을 받을 때의 거동을 동적특성이라 하며 동적 특성은 진동삼축시험, 진동대시험, 반복전단시험, 공명주시험 등으로 측정한다.

(3) 물리탐사(物理探査) 결과

● 단성파(彈性波)담사 : 탄성파란 물체가 압축과 인장 또는 전단과 같은 변형을 일으키면서 전달되는 파동을 말하며 이러한 탄성파는 재료의 밀도와 강성에 따라 전파속도가 다르다. 탄성파의 주요 성분에는 압축파(P파)와 전단파(S파) 그리고 표면파가 있다. 이러한 탄성파의 전파속도를 측정하여 재료의 밀도와 강성을 측정하는 것을 물리탐사라 하는데 수심측량, 지층구조조사, 지하자원조사에 널리 사용된다. 음파탐사도 탄성파탐사에 속한다.

- 전기(電氣)탐사: 지반에 전기를 흐르게 하고 비저항을 측정하여 지층구조 등을 조사하는 탐사법
- 공내검층(孔內檢層): 시추공을 이용하여 물리탐사를 시행하는 조사법

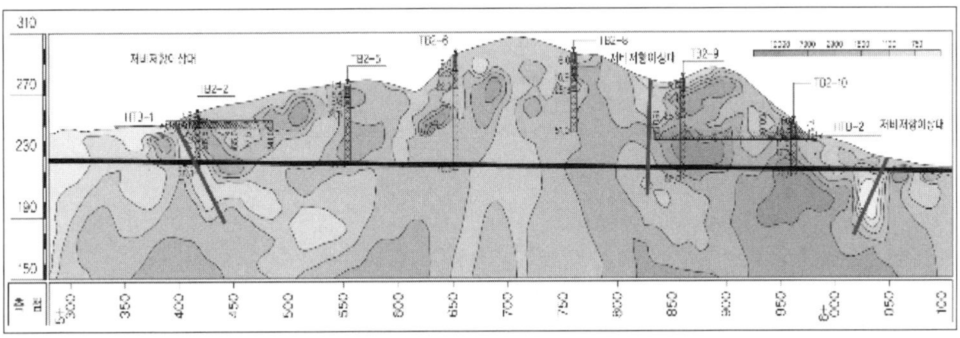

그림 3.2 탄성파탐사 결과에 나타난 지층 단면

3.4.2 지층단면도(subsoil profile) 작성

지층 단면도는 정해진 측선을 따라 지반의 지층구조를 나타낸 그림이다. 지층단면도 작성은 측선 위에 위치한 시추지점의 주상도를 이용하여 같은 종류의 지층끼리 횡으로 연결하는 선을 그리고 지하수위 분포와 전단강도 변화 등을 표시한다. 지층 단면도는 구조물 기초의 지지층과 단지 계획고 결정 등에 이용 된다.

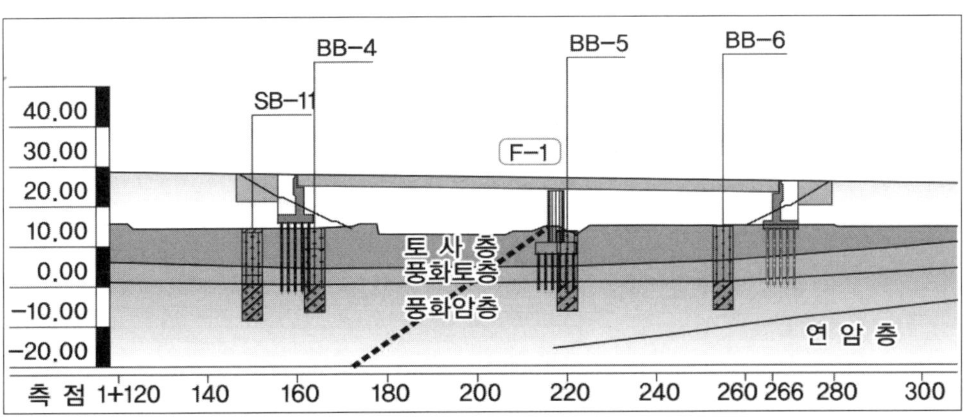

그림 3.3 지층단면도

3.4.3 지반정수(地盤定數) 결정

(1) 설계에 필요한 지반정수

● 흙의 기본 특성

- 단위중량: 단위부피의 흙의 무게(t/m^3, kN/m^3)
- 함수비: 흙 속에 포함된 물의 무게와 흙 입자 무게의 비(%)

● 흙 분류

- 입자 크기에 따라:
  호박돌(전석); 100mm 이상
  자갈; 4.76mm ~ 100mm
  모래; 0.074mm ~ 4.76mm
  실트; 0.005mm ~ 0.074mm
  점토; 0.005mm 이하

- 조립토와 세립토
  조립토; 자갈과 모래가 전체 무게의 50% 이상
  세립토; 점토와 실트가 전체 무게의 50% 이상

- 입도분포
  입도분포가 좋은 흙; 크기가 다른 입자가 고루 포함된 흙
  입도분포가 나쁜(균등한) 흙; 입자 크기가 좁은 범위에 집중된 흙

- 흙의 소성도(塑性度):
  고소성; 점토를 많이 포함하여 소성이 큰 흙
  저소성; 점토 함량이 적어 소성이 작은 흙
  비소성; 소성이 전혀 없는 흙
- 액성한계(液性限界, LL); 흙이 전단강도를 잃고 액체상태가 되는 함수비
- 소성한계(塑性限界, PL); 흙이 소성을 지니는 최소 함수비

- 소성지수(塑性指數, PI) = LL - PL
- 사질토와 점성토

  사질토; 점토가 없거나 조금 포함되어 소성과 점성이 없고, 투수성이 높은 흙

  점성토; 점토를 많이 포함하여 소성과 점성을 나타내고, 투수성이 낮은 흙

상대밀도(상대밀도, Dr)

사질토의 다짐상태를 나타내는 용어로서,

- 매우 느슨하다 (Dr : 0% ~ 20%)
- 느슨하다(Dr : 20% ~ 40%)
- 중간(Dr : 40% ~ 60%)
- 조밀하다(Dr : 60% ~ 80%)
- 매우 조밀하다(Dr : 80% ~ 100%)

점토의 콘시스턴시

함수 상태에 따른 점토의 굳음 상태를 나타내는 용어로서,

- 매우 연약하다(N : 0 ~ 2, 일축압축강도 : 0 ~ 25 kN/m^2)
- 연약하다(N : 2 ~ 4, 일축압축강도 : 25 ~ 50 kN/m^2)
- 중간(N : 4 ~ 8, 일축압축강도 : 50 ~ 100 kN/m^2)
- 굳다(N : 8 ~ 15, 일축압축강도 : 100 ~ 200 kN/m^2)
- 매우 굳다(N : 15 ~ 30, 일축압축강도 : 200 ~ 400 kN/m^2)
- 딱딱하다(N : 30 이상, 일축압축강도 : 400 kN/m^2 이상)

다짐특성

- 최적함수비(OMC); 다짐이 가장 잘되는 함수비
- 최대건조단위중량; 최적함수비에서 다져진 건조단위중량
- 토량변화율(토량환산계수); 자연상태, 흐트러진 상태, 다져진 상태의 흙부피의 변화율
- CBR; 노상지지력비(California Bearing Ratio)

● 동결특성

- 동결 깊이; 겨울에 땅이 어는 깊이
- 동결지수; 0℃ 이하의 기온과 시간(일, 월)의 곱을 어느 기간에 누계한 수

● 투수특성

- 투수계수; 흙 속의 물이 단위시간당 흐르는 거리(cm/sec)

● 전단강도

- 점착력; 작용 응력의 크기에 상관없이 흙이 가지고 있는 전단 강도
- 전단저항각; 작용 수직응력에 비례하여 변화하는 파괴포락선의 경사각

● 강성(剛性)

- 변형계수 혹은 탄성계수 Es; 응력-변형률 직선의 기울기(kN/m^2)
- 포아송 비; 직교하는 두 방향의 변형률 비

● 압축특성

- 압밀계수; 포화된 점토가 시간에 따라 배수-압축되는 속도를 나타내는 계수
- 압축지수; 포화된 점토가 압밀응력 변화량의 대수 값에 대한 공극비 변화량의 비를 나타내는 지수
- 체적변화계수; 응력변화량과 부피변화량의 비
- 과압밀비(OCR); 흙이 받은 최대압밀응력과 현재의 유효응력의 비

● 관입시험 결과

- SPT-N; 표준관입시험 시료기를 30cm 관입시키는데 필요한 해머 타격 수
- 콘지수와 마찰비; 정적콘관입시험의 콘 저항치(콘지수)와 측면단위마찰력의 비(마찰비)

● 동적특성

- 압축파 속도 Vp; 탄성파 중에서 압축파의 속도로 지반의 변형계수에 관련

• 전단파 속도 Vs; 탄성파 중에서 전단파의 속도로 지반의 전단탄성계수에 관련

발표와 토의

4~5명으로 조를 이루어 조별로 다음의 주제 중 하나씩을 선택하여 조사하고 그 결과를 발표한 후에 토의를 한다..

주제 1: 지반조사에서 지층 구조를 확인하는데 이용되는 조사 방법의 종류와 특징

주제 2: 지반조사비에 투입하는 비용과 공사비 절감의 관계(지반조사비의 경제성)

하중 4

4.1 하중의 종류

하중(荷重, load)은 구조물에 작용하는 외력(外力)을 말하며 크게 고정하중(固定荷重, dead load 또는 permanent load)과 일시하중(一時荷重, temporary load), 정하중(靜荷重, static load)과 동하중(動荷重, dynamic load) 등으로 구분된다.

(1) 고정하중(固定荷重, dead load)

고정하중은 사하중(死荷重)이라고도 하며, 구조물 자체의 무게(重量)와 구조물에 변함없이 영구히 고정된 하중이다. 구조물의 무게는 부피에 재료의 단위중량을 곱하여 구한다.

표 4.1 대표적인 토목재료의 단위중량 (kgf/m^3)

재료	단위중량	재료	단위중량
강재, 주강, 단강	7,850	콘크리트	2,350
주철	7,250	시멘트 모르터	2,150
알루미늄	2,800	목재	800
철근콘크리트	2,500	역청재(방수용)	1,100
PS콘크리트	2,500	아스팔트 포장	2,300

(2) 활하중(活荷重, live load)

활하중은 일정하지 않고 수시로 변화하는 하중을 말한다. 교량에 작용하는 활하중은 교통하중이라 하며 표준트럭하중(DB하중), 차선하중(DL하중), 보도하중, 궤도차량하중 등이 있다.

표 4.2 DB 하중

교량등급	하중 W(kN)	총중량 1.8W(kN)	전륜하중 0.1W(N)	후륜히중 0.4W(N)
1등교	DB-24	432	24,000	96,000
2등교	DB-18	324	18,000	72,000
3등교	DB-13.5	243	13,500	54,000

* 위 표에서 W는 차선의 폭이다.

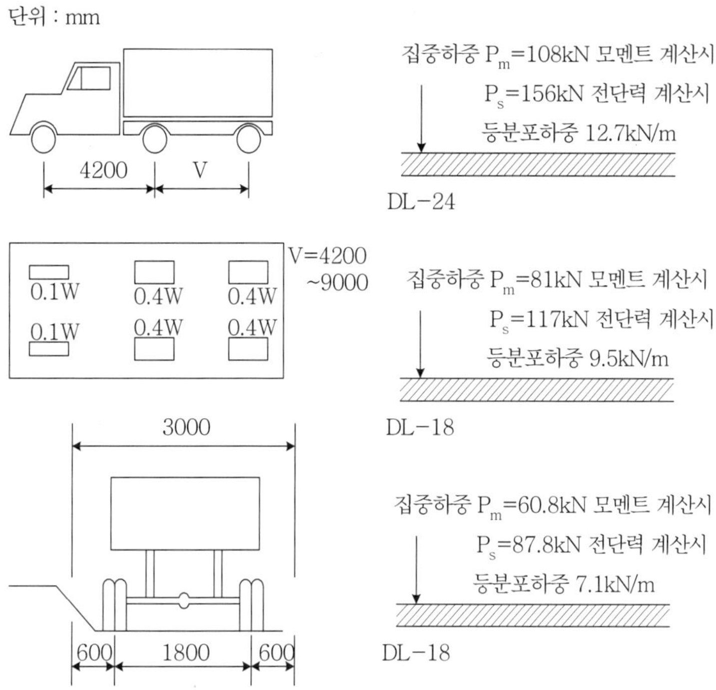

그림 4.1 DB하중과 DL하중

표 4.3 보도하중

지간장 L(m)	$L \le 80$	$80 \le L \le 130$	$L > 130$
하중(N/m^2)	3,500	4,300-10L	3,000

건축물에 작용하는 활하중은 가구와 집기의 무게, 사람의 무게, 건물 내 물탱크 속의 물의 무게 등이다.

(3) 풍하중(風荷重, wind load)

구조물에 작용하는 바람의 힘을 풍하중이라 한다. 초고층건물, 타워, 장대교량 등의 구조물에 대해서는 풍하중이 매우 중요한 하중 요소이다.

(4) 설하중(雪荷重, snow weight)

눈이 많이 내리는 추운 지방에서는 눈의 무게도 구조물에 큰 부담이 된다. 설하중 계산에 사용되는 눈의 단위중량은 다음과 같다.

갓 내린 눈	1,500 N/m^3
오래된 눈	3,000 N/m^3
압축된 눈 또는 젖은 눈	5,000~7,000 N/m^3

(5) 충격하중(衝擊荷重, impact load)

교량 위를 달리는 차량의 진동, 가속, 감속 등은 교량에 큰 힘으로 전달되는데 이를 충격하중이라 한다. 상부구조의 충격계수는 다음 식으로 산출한다.

$$i = \frac{15}{40+L} \leq 0.3$$

L: 등분포 활하중의 경우에 부재에 최대응력이 발생하도록 활하중이 재하 된 지간 부분의 길이(m)

(6) 장비(裝備)하중

건설 중이나 사용 중인 구조물에 탑재되는 장비의 무게

(7) 온도변화

모든 재료는 온도가 변하면 신축(伸縮)되며 이에 따라 재료 내부의 응력 변화가 발생한다. 이러한 현상도 하중 작용과 마찬가지로 고려되어야 한다.

(8) 원심(遠心)하중과 제동(制動)하중

곡선 교량 위를 주행하는 차량은 교량에 원심력을, 주행 중인 차량이 급정차할 때에는 교량에 제동하중을 부과한다.

(9) 충돌(衝突)하중

교량을 주행 중인 차가 교량 기둥이나 기타 시설물에 충돌하는 경우, 교각에 하천 부유물이나 선박이 충돌하는 경우, 항만 시설에 선박이 부딪치는 경우에는 구조물에 충돌하중이 발생된다.

(10) 토압(土壓, earth pressure)

옹벽, 교대, 지하 벽, 널말뚝 벽, 가설 흙막이 벽, 코퍼댐(cofferdam), 암거, 터널, 호안, 부두 등과 같이 구조물의 전체 혹은 일부가 땅 속에 묻힌 구조물에는 주변의 흙으로부터 토압이 작용된다.

(11) 수압(水壓, water pressure)

제방, 댐, 수문, 항만 구조물과 같은 수리 구조물과 지하수위 아래에 놓이는 모든 구조물은 수압을 받는다.

(12) 파력(波力, wave force)

방조제, 방파제, 부두, 호안, 해상 구조물 등은 파도의 영향으로 파력을 받는다.

(13) 지진하중(地震荷重, seismic force)

지진 발생 시에는 모든 구조물이 지진활동에 따라 가속력(加速力)을 받게 되는데, 이러한 동적 거동을 정적 하중으로 환산한 것을 지진하중이라 한다.

(14) 가설시(架設時) 하중

구조물을 가설(시공)하는 도중에는 가설 단계에 따라 가설장비, 가시설물 등에 의한 하중 조건이 변화하게 된다.

4.2 설계하중(design load)

토목 구조물의 사용 수명은 수십 년으로 매우 길다. 그 오랜 기간 중에 구조물에 작용하는 하중은 항상 일정하지 않고 변화하며 그 변화를 정확하게 예측할 수 없다. 따라서 구조물 설계에 적용하는 하중인 설계하중은 앞으로 발생할 수 있는 여러 가지 하중 발생 경우를 상정하여 안전을 위한 적절한 계수를 곱하여 결정한다. 우리나라의 콘크리트구조설계기준에는 설계하중 결정에 적용하는 하중조합과 하중률(load factor)을 다음과 같이 제시하고 있다.

1) 고정하중(D)과 활하중(L)이 작용할 경우

$$U = 1.4D + 1.7L$$

2) 고정하중(D)과 활하중(L) 및 풍하중(W)이 작용할 경우

$$U = 0.75(1.4D + 1.7L + 1.7W)$$

고정하중과 풍하중의 재하효과가 서로 상쇄될 경우

$$U = 0.9D + 1.3W$$

3) 고정하중(D)과 활하중(L) 및 지진하중(E)이 작용할 경우

$$U = 0.75(1.4D + 1.7L + 1.8E)$$

고정하중과 지진하중의 재하효과가 서로 상쇄될 경우

$$U = 0.9D + 1.4E$$

4) 고정하중(D)과 활하중(L), 그리고 횡토압과 횡지하수압(H)이 작용할 경우

$$U = 1.4D + 1.7L + 1.8H$$

$$U = 0.9D + 1.7L + 1.8H$$

예 제

■ 국도에 위치한 예제그림 4.1과 같은 단면을 갖는 경간 12m RC 슬라브 교량에 작용하는 설계하중을 결정하라.

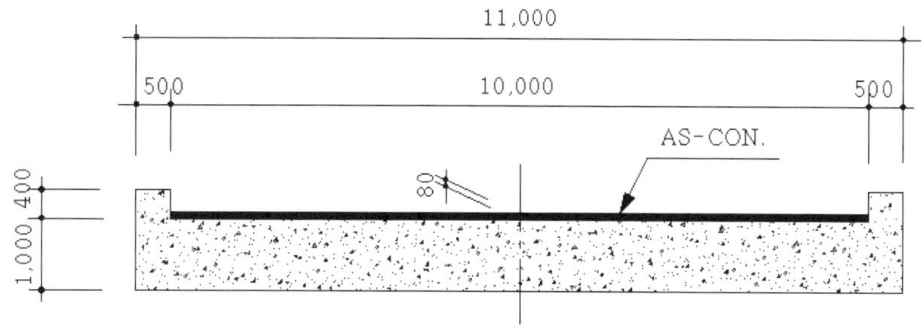

예제그림 4.1

풀 이

1. 고정하중(m당)

   1) SLAB : 11.0 × 1.0 × 25 = 275.00

   2) 연석 : 0.5 × 0.4 × 25 × 2 = 10.00

   3) 포장 : 10.0 × 0.08 × 23 = 18.40

   4) 난간 : 1.00

   합계 304.40 kN/m

   w_f = 304.40 / 11.0 = 27.7 kN/m^2

2. 활하중 (경간 : L = 12.0 m)

   1) 유효폭(E)산정 (도로교설계기준 p.340)

   E = 1.2 + 0.06 × L = 1.2 + 0.06 × 12.0 = 1.92 m 〈 2.10 m

   ∴ E = 1.92 m

   2) 충격계수 (i)

   $$i = \frac{15}{40+L} = \frac{15}{40+12.0} = 0.288 \langle 0.3 : i = 0.288$$

3) 차선 수에 따른 활하중 산정 (DB24)

- 연석간의 교폭 : W = 10.0 m
- 차선수 (N) : 9.1 ~ 12.8 m = 3차선 : N = 3
- 1차선 폭 : W / N = 10.0 / 3 = 3.3 m
- 2차선 재하 시 (3차선 재하시 또는 DL24 의 경우는 생략함)

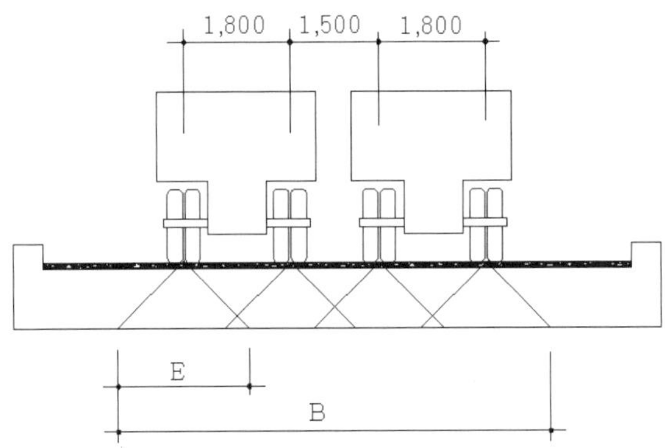

예제그림 4.2

- 하중분포폭 : B = 1.8 × 2 + 1.5 + E
  = 1.8 × 2 + 1.5 + 1.92 = 7.02 m
- 차륜하중 : P_n = 4P (1 + i) / B

  전륜하중 : P_f = 4 × 24 (1 + 0.288) / 7.02 = 17.6 kaN/m

  후륜하중 : P_r = 4 × 96 (1 + 1.288) / 7.02 = 70.5 kaN/m

3. 설계하중 (U = 1.4D + 1.7L)

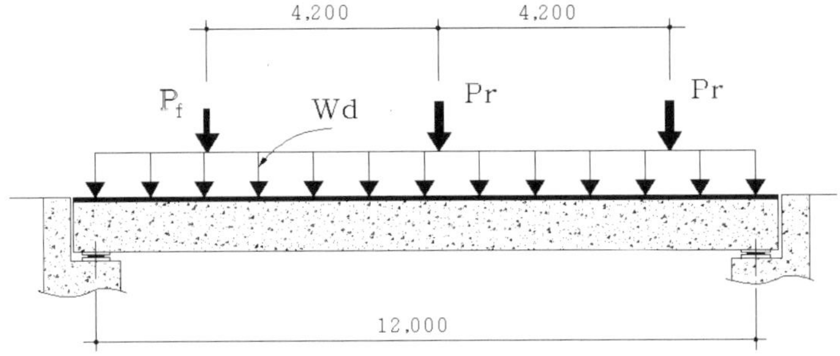

예제그림 4.3

$$w_d = 1.4\ D = 1.4 \times 27.7 = 38.8\ kaN/m^2$$
$$P_f = 1.7\ L = 1.7 \times 17.6 = 29.9\ kaN/m$$
$$P_r = 1.7\ L = 1.7 \times 70.5 = 119.9\ kaN/m$$

발표와 토의

4~5명으로 조를 이루어 조별로 다음의 주제 중 하나씩을 선택하여 조사하고 그 결과를 발표한 후에 토의를 한다..

주제 1: 구조물의 설계하중 요소 중에서 자연조건의 영향을 받는 하중 요소와 그 특성

주제 2: 토목구조물(교량)과 건축구조물(아파트)의 하중 특성의 차이

건설재료 5

5.1 건설재료의 종류

토목공사에서 사용하는 건설재료의 종류는 매우 다양하다. 선사시대부터 토목공사에는 흙과 돌(암석) 그리고 나무와 풀이 사용되었다. 그 것이 토목(土木)이라는 명칭의 유래일 것이다. 고대 메소포타미아 지방에서는 천연아스팔트가 토목건축 재료로 쓰였다. 그 후 청동기시대에는 청동기가, 철기시대 이후에는 철과 같은 금속재료가 쓰이게 되고, 도자기 기술의 발달 이후에는 도자기 타일이 건축에 사용되었다. 고대에서부터 쓰이던 석회를 대신하여 18세기에는 콘크리트가 쓰이기 시작하여 토목재료에 일대 혁명이 일어나게 되었고, 2차 세계대전 이후 유기화학과 석유화학의 발달로 아스팔트와 플라스틱, 비닐, 폴리머 등 비금속 유기화학 제품이 폭 넓게 사용되기 시작했다. 그 외에도 세라믹과 비철 금속 그리고 다양한 종류의 토목섬유 등도 특수 재료로 사용되므로 건설재료의 종류는 헤아릴 수 없이 다양하다. 그러나 주요 구조물을 축조하는데 사용되는 중요 건설재료는 다음과 같이 대별된다.

- 금속재료: 주철(鑄鐵, iron), 강(鋼, steel), 알루미늄
- 요업재료: 시멘트, 타일
- 역청재료: 아스팔트
- 유기화학재료: 플라스틱, 비닐, 파이버(fiber), 토목섬유(geotextile), PVC 등
- 유기 자연재료: 목재(자연목, 합성목), 천연섬유
- 무기 자연재료: 흙, 모래, 자갈, 암석, 석회, 물
- 합성재료: 콘크리트, 철근콘크리트

■ 사용재료에 따른 토목 구조물의 분류:

1) 콘크리트 구조

① 무근콘크리트 구조: 콘크리트만으로 구축된 구조로서 중력식 댐, 중력식 옹벽 등이 있다,

② 철근콘크리트 구조: 콘크리트 내부에 철근이 보강된 구조물로서 토목구조물의 대부분이 이에 해당된다.

③ 프리스트레스트(PS) 콘크리트 구조: 콘크리트를 미리 고강도의 강재(강선)으로 보강한 콘크리트 구조로서 PSC거더교, PSC침목, PSC말뚝 등이 있다.

2) 강구조

강제로 만들어진 구조물

3) 합성구조물

강재와 콘크리트로 이루어진 합성형교(composite girder bridge)

5.2 건설재료의 주요 특성

구조물 축조를 위한 재료 선정에 고려되어야할 재료의 중요한 특성은 다음과 같다.

- 비중(比重, specific gravity)

  부피가 같은 4oC의 물의 무게에 대한 재료무게의 비

- 단위중량(單位重量, unit weight)

  단위부피당 무게

- 강도(强度, strength)

  강도란 재료가 파괴(절단, 균열, 지나친 변형 등이 발생하여 기능을 상실함)되지 않고 견디는 최대의 응력(재료 내부에 발생하는 단위 면적당의 힘)을 말한다.

  - 인장(引張, tensile) 강도: 잡아당기는 힘에 견디는 강도
  - 압축(壓縮, compressive)강도: 압축하는 힘에 견디는 강도
  - 전단(剪斷, shear)강도: 자르는 힘에 견디는 강도
  - 휨(bending) 강도: 구부리는 힘에 견디는 강도

- 강성(剛性, stiffness)

  재료의 응력이 변하면 재료는 변형한다. 응력 변화 초기 상태에는 응력변화량과 변형은 비례하는데 이때의 비례상수(=응력/변형률)를 탄성계수라 하고 이를 재료의 강성이라 한다.

  - 변형계수(變形係數, defermation modulus) 또는 Young 계수: 축응력변화량/축변형률
  - 전단탄성계수(剪斷彈性係數, shear modulus): 전단응력변형량/전단변형률

- 투수성(透水性): 물을 투과시키는 성질
- 탄성(彈性, elasticity): 발생한 변형이 응력제거 시에 원래대로 회복되는 성질
- 소성(塑性, plasticity): 응력소거 후에도 변형이 잔류하는 성질. 소성재료는 여러 가지 모양으로 가공이 쉽다.
- 취성(脆性, brittlity): 작은 변형이나 충격에 잘 깨지는 성질.
  - 유리, 벽돌, 암석, 석고 등

- 연성(延性, ductility): 파괴되지 않고 가늘고 길게 큰 변형을 견디는 성질
- 전성(展性, malleability): 금속을 얇고 넓게 펼 수 있는 성질
- 내구성(耐久性, durability): 시간이 오래 경과해도 원래의 특성이 변하지 않는 성질. 내화학성(耐火學性), 내풍화성(內風化性), 내침식성(耐侵蝕性), 내부식성(耐腐蝕性) 등

- 내화성(耐火性): 불과 고온에 견디는 성질
- 인화성(引火性): 불이 잘 발화하는 성질
- 전기전도율(電氣傳導率):전기를 잘 전달하는 성질. * 도체/부도체
- 열전도율(熱傳導率); 열을 잘 전달하는 성질. * 단열재
- 독성(毒性): 인체나 생태계에 해로운 성분을 함유하고 있음

5.3 건설재료 선정

구조물 축조와 건설공사에 사용할 재료 선정은 다음과 같은 원칙에 따른다.

(1) 재료의 역학적 특성(강도, 강성, 내구성, 투수성 등)이 구조물의 안전성과 내구성을 확보하기에 적당한가?

(2) 재료의 특성이 시공에 어려운 점을 가지고 있지 않은가?

(3) 재료의 특성이 인체나 환경에 해로운 성질을 가지고 있지 않은가?

(4) 재료의 가격이 경제적으로 합당한가?

(5) 재료 구입에 어려움은 없는가?

5.4 주요 재료의 특성치

5.4.1 강 재

강재는 부피 대비 강도가 제일 높은 재료로서, 토목 구조물에 사용되는 강재의 종류와 규격은 아래 표와 같다.

표 5.1 표준 강재(건설부제정 도로교 표준 시방서, 1992)

강재의 종류	규격		강재 기호
1. 구조용 강재	KS D 3503	일반구조용 압연강재	SS41
	KS D 3515	용접구조용 압연강재	SWS 41, SWS 50, SWS 50Y, SWS 53, SWS 58
	KS D 3529	용접구조용 내후성 열간 압연 강재	SMA 41 SMA 50, SMA 58
2. 강관	KS D 3566	일반구조용 탄소 강관	SPS 41, SPS 50
	KS F 4602	강관 말뚝	SPS 41, SPS 50
	KS F 4605	강관 시트 파일	SKY 41, SKY 50
3. 접합용 강재	KS B 1010	마찰접합용 고장력 6각 볼트, 6각 너트, 평오셔의 새트	F 8 T, F 10 T
4. 용접 재료	KS D 7004	연강용 피복 아크 용접봉	
	KS D 7006	고장력강용 피복 아크 용접봉	
	KS D 7024	서브머지드 아크 용접용 강선 및 용제	
5. 주단 조품	KS D 3710	탄소강 단조품	SF 50, SF 55
	KS D 4101	탄소주강품	SC 46
	KS D 4106	용접구조용 주강품	SCW 42, SCW 49
	KS D 4102	구조용 고장력 탄소강 및 저합금강 주강품	LMnSC 1A, LMnSC 2A
	KS D 3752	기계구조용 탄소 강재	SM 35C, SM 45C
	KS D 4301	회주철품	GC 250
	KS D 4302	구상 흑연 주철품	GCD 40
6. 선재 선재 2차 제품	KS D 3509	피아노선재	PWR
	KS D 3559	경강선재	HSWR
	KS D 7002	PC강선 및 PC강연선	원형선SWPC1, 이형선SWPD1, 2연선SWPC2, 이형3연선SWPD3, 7연선SWPC7, 19연선SWPC19
7. 봉강	KS D 3504	철근콘크리트용 봉강	SD 30, SD 35, SD 40
	KS D 3505	PC강봉	A종 1호 SBPR 785/930 A종 2호 SBPR 785/1030 B종 1호 SBPR 930/1080 B종 2호 SBPR 930/1180

표 5.2 강재의 기계적 성질(건설부제정 도로교 표준 시방서, 1992)

종류의 기호	인장 시험				굽힘 시험		편평 시험
	항복점 (kg/mm²)	인장강도 (kg/mm²)	연신율(%) 11호 시험편 12호 시험편 세로 방향	연신율(%) 5호 시험편 가로 방향	굽힘 각도	안쪽 반지름 (D는 관의 바깥지름)	평판간 거리 (D는 관의 바깥지름)
SPS 41	24 이상	41 이상	23 이상	18 이상	90°	6D	2D/3
SPS 50	32 이상	50 이상	23 이상	18 이상	90°	6D	7D/8
SKY 41	24 이상	41이상	_	18 이상			2D/3
SKY 50	32 이상	50 이상	_	18 이상			7D/8

표 5.3 철근콘크리트용 봉강의 기계적 성질(건설부제정 도로교 표준 시방서, 1992)

종류의 기호	인장 시험				굽힘성	
	항복점 혹은 0.2% 내력 (kg/mm²)	인장강도 (kg/mm²)	인장 시험편	연신율 (%)	굽힘 각도	안쪽반지름
SD30A	30 이상	45~61	2호에 준한 것	16 이상	180°	D16 이하: 공칭지름의 1.5배
			3호에 준한 것	18 이상		D16을 넘는 것: 공칭지름의 2배
SD30B	30~40	45 이상	2호에 준한 것	16 이상	180°	D16 이하: 공칭지름의 1.5배
			3호에 준한 것	18 이상		D16을 넘는 것: 공칭지름의 2배
SD35	35~45	50 이상	2호에 준한 것	18 이상	180°	D16 이하: 공칭지름의 1.5배
			3호에 준한 것	20 이상		D16이상 D41이하: 공칭지름의 2배
						D51: 공칭지름의 2.5배
SD40	40~52	57 이상	2호에 준한 것	16 이상	180°	공칭지름의 2.5배
			3호에 준한 것	18 이상		

표 5.4 이형 봉강의 단위중량과 표준 치수(건설부제정 도로교 표준 시방서, 1992)

호칭	단위중량 (kg/m)	공칭 지름(d) (mm)	공칭 단면적(s) (cm^2)	공칭 둘레(l) (cm)
D 6	0.249	6.35	0.3167	2.0
D 10	0.560	9.53	0.7133	3.0
D 13	0.995	12.7	1.267	4.0
D 16	1.56	15.9	1.986	5.0
D 19	2.25	19.1	2.865	6.0
D 22	3.04	22.2	3.871	7.0
D 25	3.98	25.4	5.067	8.0
D 29	5.04	28.6	6.424	9.0
D 32	6.23	31.8	7.942	10.0
D 35	7.51	34.9	9.566	11.0
D 38	8.95	38.1	11.40	12.0
D 41	10.5	41.3	13.40	13.0
D 51	15.9	50.8	20.07	16.0

5.4.2 콘크리트와 철근콘크리트

(1) 콘크리트 재료

- 시멘트: KS L 5201에 규정한 보통포틀랜드시멘트, 조강포틀랜드시멘트, 그리고 KS L 5210에 규정한 고로슬래그시멘트
- 물: 기름, 산, 염류, 유기물과 같은 유해물질을 포함하지 않은 물
- 세(잔)골재: No.4 체(4.76mm)를 통과하고 N0.200체(0.074mm)에 85% 이상이 걸리는 깨끗하고 강하며 내구적이고, 적당한 입도를 가지며 먼지, 흙, 유기불순물, 염화물과 같은 유해물을 함유하지 않은 것
- 조(굵은)골재: No.4 체(4.76mm)에 85%이상 걸리는 깨끗하고 강하며 내구적이고, 적당한 입도를 가지며 얇은 석편, 가늘고 긴 석편, 유기불순물, 염화물과 같은 유해물을 함유하지 않은 것

- 혼화제: AE제, 감수제 그리고 AE감수제는 KS F 2560에 적합한 것
- 시멘트풀: 시멘트와 물을 혼합한 것
- 몰탈: 시멘트와 잔골재에 물을 혼합한 것
- 콘크리트: 시멘트, 굵은 골재, 잔 골재와 물을 혼합한 것

(2) 콘크리트의 설계 강도

콘크리트의 강도와 워커빌리티(workability), 내구성 등은 물시멘트비(W/C)에 따라 변한다. 콘크리트의 최저 설계기준 강도는 표 5.5와 같다.

표 5.5 콘크리트의 최저 설계기준 강도(건설부제정 도로교 표준 시방서, 1992)

부재의 종류		최저설계기준강도 (kg/cm^2)
무근콘크리트 부재		160
철근콘크리트 부재		210
프리스트레스트 콘크리트 부재	프리텐션 방식	350
	포스트텐션 방식	300

(3) 설계계산에 사용하는 물리 상수(건설부제정 도로교 표준 시방서, 1992)

표 5.6 설계계산에 사용되는 강재의 물리 상수

종 류	상수 값
강과 주강의 탄성계수	$2.1 \times 10^6\ kg/cm^2$
철근의 탄성계수	$2.04 \times 10^6\ kg/cm^2$
PC강선, PC강연선, PC강봉의 탄성계수	$2.0 \times 10^6\ kg/cm^2$
주철의 탄성계수	$1.0 \times 10^6\ kg/cm^2$
강의 전단탄성계수	$8.2 \times 10^6\ kg/cm^2$
강과 주강의 포아송비	0.30
주철의 포아송비	0.25

표 5.7 PC 강재의 겉보기 릴랙세이션율(%)

PC 강재의 종류	겉보기 릴랙세이션율
PC강선, PC 강연선	5
PC강봉	3

표 5.8 콘크리트의 탄성계수(kg/cm^2)

σ_{ck}	210	240	270	300	400	500
Ec	2.1 × 105	2.35 × 105	2.5 × 105	2.6 × 105	3.0 × 105	3.4 × 105

5.4.3 지반과 흙의 특성

(1) 설계에 필요한 지반 정수

모든 구조물은 지반에 설치되고 상부구조물의 하중과 수압 등이 구조물의 기초를 통하여 지반에 전달된다. 구조물 설계에서 가장 중요한 사항이 기초의 지지력이 충분하여 구조물의 안정성이 확보되어야한다는 것과 구조물의 침하량이 허용범위 이내여서 구조물의 사용성이 확보되어야 한다는 것이다. 이러한 구조물 기초뿐만 아니라 사면, 제방, 흙댐, 지반굴착, 지반개량과 같이 지반 자체의 안정성 문제를 해석하기 위해서 매우 많은 지반 정수가 사용된다. 이들 지반특성들은 지반조사와 실내 및 현장시험을 통하여 조사, 측정하는 것을 원칙으로 한다. 다만 소규모 공사나 기본설계 단계에서는 경험에 의해 시방서나 설계기준서에서 추천한 값들을 사용할 수 있다.

지반의 물성치는 기본특성(물리적 특성)과 전단강도 특성, 변형특성, 압축성, 투수성 등으로 매우 다양하고 그 값이 조건에 따라 변하므로 토질역학과 기초공학 지식을 갖춘 기술자가 그 값을 신중히 결정해야한다.

(2) 흙의 종류

토목재료 또는 지반구성물로서 흙은 비슷한 성질을 지닌 몇 개의 종류로 분류된다.

흙의 입도와 소성도를 이용하여 공학적으로 흙을 분류하는 분류법이 몇 가지 있으나 이는 토질역학에서 공부하기로 하고 여기서는 기본설계 단계에서 사용하는 간편 분류에 따른 흙의 종류를 제시하는데 그친다.

- 사질토: 모래와 자갈이 주재료이고 점토는 없거나 소량이 포함된 흙
  점착력이 없거나 매우 작고
  함수비의 영향을 적게 받으며
  물을 잘 통과시키는 투수성이 큰 흙
  사질토의 성질은 상대밀도(다짐도)에 크게 의존한다.

- 점성토: 점토와 실트가 주재료이고 모래와 자갈은 없거나 소량이 포함된 흙
  점착력을 지니고
  함수비의 영향을 크게 받으며
  물을 잘 통과시키지 않는 투수성이 작은 흙
  점성토의 성질은 함수비에 크게 의존한다.

(3) 단위 중량

단위중량이란 단위 부피당 흙의 무게이며 하중, 토압, 지중응력, 지지력 계산에 필요한 흙의 기본 특성이다.

표 5.9 흙의 대표적 단위중량(t/m^3)

지반	흙	느슨한 상태	촘촘한 상태
자연지반	모래, 모래자갈	1.8	2.0
	사질토	1.7	1.9
	점성토	1.4	1.8
성토	모래, 모래자갈	2.0	
	사질토	1.9	
	점성토	1.8	

(4) 토량변화율

자연 상태의 흙을 굴착하여 흐트러뜨리면 부피가 늘어나고 이를 성토하고 다지면 부피가 다시 감소하게 된다. 이러한 상태에 따른 흙 부피의 변화를 토량변화율이라 한다. 토량변화율은 자연 상태의 토량, 흐트러진 상태의 토량 및 다짐상태의 토량을 조합한 것으로 다음과 같다.

$$L = \frac{\text{흐트러진 상태의 토량}}{\text{자연상태의 토량}} \qquad C = \frac{\text{흐트러진 상태의 토량}}{\text{자연상태의 토량}}$$

1) 토량변화율은 토질시험에 의해 실측한 값을 적용하는 것을 원칙으로 하되 소규모 공사(성토량 10,000㎥이하)의 경우 건설공사표준품셈에서 제시된 다음 값을 이용할 수 있다.

종 별	L	C
역질토 (GM, GC)	1.175	0.95
사질토 (SM, SC)	1.25	0.875
점질토 (ML, CL)	1.30	0.90

※ 평균값 적용시 토질별 가중평균값 적용
토질분류기호: GM(실트질 자갈), GC(점토질 자갈), SM(실트질 모래),
SC(점토질 모래), ML(저소성 실트), CL(저소성 점토)

2) 토량환산계수(f)는 다음과 같다.

설계 견적에서 토량 계산은 성토(흙쌓기)의 시공법(다짐성토 또는 다지지 않는 성토)에 따라 토량환산계수를 다르게 적용하여야한다.

구하는 양 / 기준이 되는 양	자연 상태의 토 량	흐트러진 상태의 토 량	다짐상태의 토 량
자연 상태의 토량	1	L	C
흐트러진 상태의 토량	1 / L	1	C / L

예 제

- 45,000㎥(다짐 후 완성된 토량)의 흙 쌓기를 하는데 유용토가 40,000㎥(느슨한 토량=운반토량)이 있다. 이때 부족한 토량은 자연 상태의 토량으로 얼마인가? 다만, 흙의 종류는 사질토이고 토량의 변화율은 L=1.25, C=0.90이다.

풀 이

$$L = \frac{\text{흐트러진상태의토량}}{\text{자연상태의토량}} = 1.25, \qquad C = \frac{\text{다짐상태의토량}}{\text{자연상태의토량}} = 0.9$$

문제에서 제시된 토량을 전부 자연 상태의 토량으로 환산한다.
완성된 토량 45,000㎥을 자연 상태 토량으로 환산하면

$$\text{자연상태의토량} = \frac{\text{다짐상태의토량}}{0.9} = \frac{45,000}{0.9} = 50,000\,m^3$$

유용토 40,000㎥을 자연 상태 토량으로 환산하면

$$\text{자연상태의토량} = \frac{\text{흐트러진상태의토량}}{1.25} = \frac{40,000}{1.25} = 32,000\,m^3$$

따라서, 부족토량은 50,000-32,000=18,000㎥

발표와 토의

- 4~5명으로 조를 이루어 조별로 다음의 주제 중 하나씩을 선택하여 조사하고 결과를 발표한 후에 토의를 한다.

주제 1: 건설 재료의 시대적 변천과정
주제 2: 지역의 자연조건에 따라 달라지는 건설재료의 차이
주제 3: 인류문명 발전에 대한 콘크리트의 공과

설계법과 모형시험 6

6.1 개론

토목구조물 설계에서 구조물의 안전성은 재료의 역학적 특성, 구조물의 구조 특성, 구조물에 작용하는 외력(하중), 환경변화(온도, 시간)에 의해 발생하는 응력과 강도 변화, 지반조건과 토질 및 암반의 특성, 구조물과 지반의 상호작용, 지진활동 등을 이상화, 단순화한 역학이론과 모형을 이용하여 해석한다. 이러한 구조 해석은 불가피하게 다음과 같이 많은 불확실성을 갖는다.

① 구조물에 작용하는 외력이 일정치 않고 정확한 예측이 어렵다.
② 재료의 특성, 특히 지반 조건과 특성은 정확히 파악하기 어렵다.
③ 재료의 특성은 시간 경과에 따라 변한다.
④ 구조물과 지반의 상호 작용은 모형화 하기가 쉽지 않다.
⑤ 재료의 거동에 대한 역학 모형은 항상 이상화, 단순화를 통한 근사해이다.
⑥ 자연조건은 항상 변하고 예측하기 어렵다.

위와 같은 불확실성을 극복하고 안전성을 확보하기 위하여 구조물 종류와 중요도에 따라 구조물 설계에 적용할 설계법이 달라진다. 또한 이론적 해석만으로 위와 같은 불확실성에 대한 대책이 미흡할 경우에는 모형시험 또는 현장시험을 통하여 해석의 미흡한 점을 보완한다.

6.2 설계법

6.2.1 설계법 발전 과정

60년대 이전까지 건설 분야의 구조설계는 설계기준이나 시방에 규정한 설계이론 자체가 탄성구조해석에 따른 허용응력설계(WSD; Working Stress Design) 위주로 되어있었고 해석 및 설계 모두 경험과 손 계산에 의존하였다. 그 후에 컴퓨터가 널리 활용됨에 따라 비록 구조해석 위주이긴 하지만 전산화 설계가 태동하기 시작하였고, 구조설계 이론도 허용응력설계 외에 강도설계, 소성설계, 한계상태설계 등으로 점차 발전하게 되었다. 70년대에 콘크리트구조의 경우는 콘크리트의 재료적 특성을 고려하여 점차 강도설계법 위주로 전환되었다. 강구조물 설계는 허용응력설계가 주 설계법으로 사용되어 오다가 70년대 후반에 신뢰성에 기초한 시방서 안전계수의 보정기법이 개발되면서 재래적인 허용응력설계시방서의 경험위주의 안전율, 하중효과, 거동예측의 모순을 극복하게 되었고, 이에 따라 구조물의 각종 한계상태(limit state)에 기초한 실제 거동 중심의 한계상태설계 혹은 하중-저항계수설계라고 일컫는 설계법이 개발되었다. 선진국에서는 80년대로 접어들면서 점차적으로 합리적이고 과학적이며 현대적인 한계상태/하중저항계수설계법이 재래의 허용응력설계나 강도설계를 대체하게 되었다. 실제로 80년대 초에 유럽을 중심으로 주요 선진국에서는 한계상태설계를 설계기준으로 채택하여 실무설계에 적용하게 되었고, 보수적인 나라인 미국조차도 80년대 중반이 지나서 강구조물의 하중저항계수설계법 설계를 채택하였고, 90년대로 들어오면서 교량설계도 하중저항계수설계법설계로 전환케 되었다. 최근에는 이러한 현대적인 설계법에 의한 설계

S/W도 속속 개발되어 실무설계에서 활용되고 있다. 구조물의 하부구조인 기초 설계도 지금까지는 허용응력설계법으로 설계하도록 되어 있으나 최근에 유럽에서는 한계상태 설계법으로 전환되었고 미국에서도 부분적으로 하중-저항계수설계법으로 전환되는 추세에 있으며 우리나라도 장차 이러한 추세를 따르게 되리라 본다.

6.2.2 허용응력설계법(WSD; working stress design)

재료의 탄성거동을 가정하고 탄성이론을 근거로 하는 탄성설계법이다. 허용응력설계법의 기본개념은 설계(사용) 하중에 의해 발생하는 응력이 재료의 허용응력을 초과하지 않아야 한다는 전제하에서 이루어지는 설계방법이다. 따라서 허용응력설계에서는 원칙적으로 하중에 의한 구조물의 최대응력이 구조물 재료나 지반의 허용응력 이하가 되도록 구조단면, 구조부재, 구조물 기초를 결정하는 설계법이다. 허용응력은 보통 재료의 항복점 응력이나 좌굴강도 또는 극한강도를 적당한 공칭안전율(factor of safety)로 나눈 값으로 한다. 일반적인 소규모 구조물, 기초나 옹벽 등 지반구조물, 항만 구조물, 그리고 도로교나 철도교의 강구조물 설계에 적용되고 있는 설계법이다.

6.2.3 극한강도설계법(USD: ultimate strength design)

재료의 응력-변형률 거동의 비선형성을 고려하여 재료가 항복점 이후에도 상당한 저항력을 지닐 수 있음을 고려한 설계법이다. 설계하중을 정할 때 하중의 종류에 따라서 설정되는 하중계수(또는 하중률)를 예상하중에 곱하여 설계 단면응력을 구하고 그 값이 재료의 극한강도를 초과하지 않도록 설계하므로 하중계수설계법이라고도 한다. 콘크리트 구조물설계에 널리 적용된다.

6.2.4 하중저항계수설계법(LRFD; load-resistance factor design)

최근에 개발되어 적용 사례가 급증하고 있는 설계법으로서 한계상태설계법(limit state design)이라고도 한다. 그 이유는 이 설계에서는 구조물이 어떤 상태에 도달하면 구조물의 안전성이나 사용성에서 원래의 기능이나 사용 목적을 잃게 되는 상태(이를 한계상태라 한다)를 상정하고 구조물이 이러한 상태에 도달하지 않도록 설계하기 때문이다. 일반적으로 설정되는 한계상태로는 최종(극한)한계상태, 사용한계상태, 피로한계상태 등이다.

- 최종한계상태: 구조물 또는 부재가 파괴, 전도, 좌굴, 대변형 등을 일으켜 안정성과 기능을 상실하는 상태
- 사용한계상태: 구조물에 균열, 변형, 변위, 침하, 진동 등이 과도하게 발생하여 정상적인 사용이나 기능 발휘가 불가능해진 상태
- 피로한계상태: 구조물이 반복하중으로 피로 파괴가 발생하는 상태

이러한 한계상태에 도달하지 않도록 설계과정에서 하중에는 하중계수(또는 하중률)을 곱하고 저항력(재료강도)에는 저항계수를 적용하여 구조물을 해석한다. 하중계수와 저항계수는 기 건설된 구조물의 경험과 구조신뢰성해석이론으로부터 확률론적으로 선정된다. 하중저항계수설계법은 기존의 허용응력설계보다 합리적이고 과학적인 현대화된 설계방법이다. 이 설계법에는 각종 손상·파괴 모드별 강도한계상태와 사용성 한계상태의 개념, 다중 하중계수와 저항계수, 신뢰성에 대한 통계적 확률론적 결정을 명확히 고려하고 있다. 이러한 한계상태 거동 중심의 다중 안전계수를 사용하는 설계 형식은 허용응력설계법에서 저항(항복응력)을 안전계수로 나누기만 했던 것과는 전혀 다른 것이며, 소성설계법에서 하중에 일반 하중계수를 곱하는 것과도 다른 것이다.

6.3 모형시험(model test)

토목구조물 설계에서 역학 이론에 의한 해석 결과만으로 구조물의 거동을 정확하게 예측하기 어려울 때에는 실제의 구조물을 적절한 축척으로 축소한 모형에 대한 실험을 통하여 구조물의 거동을 관측하여 이론해석 결과를 검증하는 방법을 채택한다. 이러한 모형시험은 구조물 형식과 구조물이 받을 하중 조건에 따라 적용해야할 시험형태를 달리하고 있다. 모형시험 계획에서 고려해야할 중요한 요소는 다음과 같다.

- 축소 비율: 실제 구조물의 모든 부재와 구조를 일정한 비율로 축소하는 비율을 말하며 과도한 축소는 구조물 거동을 적절히 예측하기에 부적당할 수 있으며 큰 축소비율은 고가의 시험경비를 수반한다.
- 모형의 재료: 모형의 재료는 실제 구조물의 강도와 강성(剛性) 등 역학적 특성을 잘 대변할 수 있는 재료로 선정되어야 한다. 균질한 고체와 유체 재료의 모형 재료는 실제 구조물 특성을 모사하기 쉬우나 자연 지형이나 지반을 모형으로 제작할 때에는 복잡한 상사법칙(相似法則)과 크기 효과를 신중히 검토하여 재료를 선정해야 한다.
- 결과 해석: 모형시험 결과를 해석할 때에는 모형의 크기 효과의 영향을 고려하는 고도의 역학 이론이 적용해야 한다.

(1) 구조물모형시험

구조물을 적당한 축척으로 축소제작하고 실제 하중조건과 유사한 하중조건에서 구조물 거동을 관찰 계측하는 시험

(2) 수리모형시험

댐, 제방, 하천, 항만 구조물 설계를 위하여 시험하는 모형실험으로서 모형제작에 고체, 액체, 지반이 모두 포함되므로 모형의 상사법칙 해석이 매우 중요하게 된다.

(3) 원심모형시험

모형을 고속으로 회전시켜 모형이 큰 원심력을 받게 함으로써 댐, 사면, 토류 구조물, 구조물 기초 등이 받는 실제의 응력을 모사하고 그 거동을 관찰 측정하는 모형실험으로서, 회전 속도에 따라 응력 조건이 중력가속도 g의 배수인 2g, 3g, ... , 10g 시험 등으로 표현된다.

(4) 풍동시험

초고층 건물, 장대 교량 등 큰 풍하중을 받는 구조물의 풍하중에 의한 거동을 측정하기 위하여 풍동 안에서 구조물의 축소 모형이 강한 바람을 받게 하고 그 거동을 관측

측정하는 모형시험이다.

(5) 진동대시험

진동을 발생시키는 판에 구조물의 모형을 설치하고 지진이나 기타 지반의 진동이 발생했을 때의 구조물의 거동을 모형을 통하여 측정하는 시험이다.

(6) 기초모형시험

중요도가 높은 구조물의 기초나 지반조건이 복잡한 곳의 기초의 지지력과 침하 특성을 측정하기 위하여 모형 기초에 대해 시행하는 재하시험이다. 대표적으로 평판재하시험, 말뚝재하시험이 있다.

(7) 컴퓨터 시뮬레이션

구조물과 지반조건, 수리-수문 조건을 모사하는 컴퓨터 프로그램을 작성하여 수치해석 기법으로 가상시험을 수행하는 수치모형시험이다.

발표와 토의

4~5명으로 조를 이루어 조별로 다음의 주제 중 하나씩을 선택하여 조사하고 그 결과를 발표한 후에 토의를 한다..

주제 1: 구조물 재료의 응력-변형률 모형과 설계법의 관계
주제 2: 설계 대상 구조물과 적용되는 모형시험의 예

공사비 산출 7

7.1 토목 구조물의 경제성과 설계자의 자세

토목 구조물은 다른 공산품처럼 생산과 판매를 통해 경제적 이익을 추구하는 대상이 아니다. 토목 구조물은 도시 기반시설이나 생산기지 건설, 에너지 제공, 교통과 물류 시설 확충, 용수 제공과 폐수 처리, 환경과 생태 보전 등 을 통하여 사회전반의 경제 활동과 주민생활의 질을 개선하는 사회간접자본(Social overhead capital: SOC)에 속한다. 따라서 토목 구조물의 투자 대비 경제적 효과 평가는 매우 어려운 과업이다. 토목 구조물의 경제성은 그 구조물 수명동안 유발하는 사회발전과 경제적 부가가치의 총량을 예측함으로써 평가해야하는 고도의 경제학적 과제이므로 토목기술자가 독자적으로 해결할 수 있는 문제가 아니다. 다만, 토목 기술자는 토목 구조물 건설과 준공 후 유지관리에 소요되는 총 비용을 정확하게 산출하여 구조물의 경제성 판단의 자료를 제공할 뿐만 아니라 비용을 최소화하여 경제성을 높여야할 소임을 가지고 있다.

구조물 설계 요건으로서 가장 중요한 것은 안전성과 기능성이므로 구조물이 소요 사용기간에 충분한 안전성을 유지하면서 고유한 기능을 원활하게 발휘할 수 있도록 설계하는 것이 설계자의 가장 중요한 과제이다. 그러나 안전성에 지나치게 치중하여 구조물 공사비 절감을 소홀히 한다면 이 또한 올바른 설계자의 자세가 아니다. 대부분의 토목 구조물은 납세자가 납부한 공적자금으로 지어지기 때문에 공사비 절감은 국가 예산의 효율적 집행을 돕는 일이다. 민간사업이라 하더라도 설계자는 사업주에게 불필요한 경제적 부담을 주지 않도록 최선을 다해야하며, 발주자나 사업자가 이 분야에 지식과 판단력이 없다하여 불성실한 태도로 비용이 많이 드는 공법으로 설계하는 것은 설계자로서 부도덕한 일이다.

구조물의 안전성과 공사비는 일반적으로 대항되는 개념이다. 안전성을 높이려면 공사비가 증가하고 공사비를 절감하려면 안전성이 낮아진다. 구조물의 중요도에 따라 확보해야할 안전성은 설계기준에 반영 되지만 설계자는 구조물이 확보해야할 최소한의 안전성에 대한 확신을 가지고 이를 어떤 경우에도 소홀히 해서는 안 된다. 공사비 절감을 안전성 희생을 통해서 얻으려 해서는 안 되며 구조물 형식과 사용 재료 그리고 공법과 공정을 적절히 채택하여 최소 공사비를 찾아야 한다. 그러기 위해서는 설계자는 해당 분야에 폭 넓고 깊은 전문 지식과 투철한 엔지니어의 윤리의식을 갖추고 설계해야 한다.

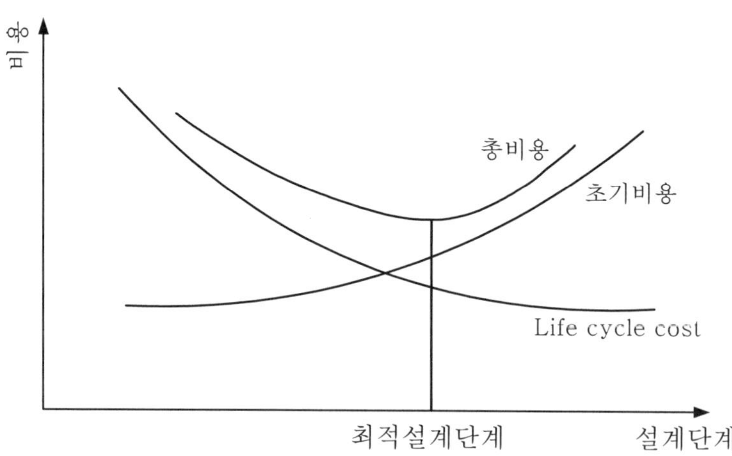

그림 7.1 생애비용(Life Cycle Cost)을 고려한 최적설계

7.2 공사물량과 금액 산출

7.2.1 견적의 순서

공사에 소요되는 비용(공사비)을 추정하는 것을 견적(見積) 또는 적산(積算; estimation)이라 한다. 견적은 크게 수량산출과 금액산출의 두 단계로 진행된다. 설계 과정에서 수시로 중간 견적을 하여 공사비를 검토하고 이를 구조물 설계에 반영하여 설계안을 수정하는 반복작업을 통하여 최종적으로 가장 경제적인 설계안을 도출하도록 한다.

7.2.2 물량 산출

공사비 산출의 첫 단계는 공사물량을 산출하는 것이다. 공사물량은 설계도면과 시공방법이 결정 된 후에 공종별, 재료별로 산출한다. 건설공사표준품셈에 규정된 수량산출법을 요약하면 다음과 같다.

① 수량의 단위와 소수위(小數位)는 표준품셈 단위표준을 따른다.

② 수량계산은 지정 소수위 이하 1위까지 구하고 끝수를 반올림한다.

③ 계산에서 각도는 분(分)까지, 원둘레율(π), 삼각함수, 호도(radian)의 유효숫자는 3자리(3位)로 한다.

④ 곱셈과 나눗셈은 기재된 순서대로 하고, 분수는 약분법을 쓰지 않으며, 각 분수마다 그 값을 구한 다음 전체 계산을 한다.

⑤ 면적은 면적공식이나 삼사법(三斜法)으로 계산하거나 구적기(求積器, perimeter)로 3회 이상 측정하여 평균값으로 한다.

⑥ 체적 계산은 원칙적으로 의사공식(擬似公式)을 이용하며, 토사(흙) 체적은 양단면적(兩端面積)을 평균한 값에 단면간 거리를 곱한 값으로 한다.

⑦ 다음에 기술한 체적은 구조물 수량에서 공제하지 않는다.

가. 콘크리트 구조물 속의 말뚝머리

나. 볼트 구멍

다. 모따기 또는 물구멍

라. 이음줄눈 간격

마. 포장공중의 1개소당 0.1m2 이하의 구조물 자리

바. 강구조물의 리벳 구멍

사. 철근콘크리트 속의 철근

아. 조약돌 중의 말뚝 체적 및 책동목(栅胴木)

자. 기타 앞에 열거한 것과 유사한 것

⑧ 성토(흙 쌓기) 및 사석공(捨石工)의 준공토량은 설계도의 양으로 한다. 그러나 지반 침하량은 가산할 수 있다.

⑨ 절토(땅깍기)량은 자연 상태의 설계토량으로 한다.

표 7.1 설계서의 단위 및 소수위 표준

종 목	규 격		단위 수량	
	단위	소수	단위	소수
공사 연장	m	2위	m	단위한
공사 폭원			m	1위
직공 인부			인	2위
공사 면적			m^2	1위
용지 면적			m^2	단위한
토지(높이, 너비)			m	2위
토지(단면적)			m^2	1위
토지(체적)			m^3	2위
토적(체적합계)			m^3	단위한
떼	cm	단위한	m^2	1위
모래, 자갈, 조약돌, 사석 등	cm	단위한	m^3	2위
다듬돌	cm	단위한	개	2위
벽돌	mm	단위한	개	단위한
블록	mm	단위한	개	단위한
시멘트			kg	단위한
몰탈			m^3	2위
콘크리트			m^3	2위
석분, 석회, 화산회			kg	단위한

표 7.1 설계서의 단위 및 소수위 표준(계속)

종 목	규 격		단위 수량	
	단위	소수	단위	소수
목재(판재) 길이	m	1위	m^2	2위
목재(판재) 두께, 폭	cm	1위	m^3	3위
합판	mm	장	장	1위
말뚝 길이	m	1위	개	단위한
지름	mm	1위		
철강재	mm	단위한	kg	3위
용접봉	mm		kg	1위
구리판, 함석류			m^2	2위
철근	mm	단위한	kg	단위한
볼트, 너트	mm	단위한	개	단위한
꺽쇠	mm	단위한	개	단위한
철선류	mm	1위	kg	2위
PC 강선			kg	2위
돌망태 길이	m	1위	m	1위
지름, 높이	m	단위한	개	단위한
로프류	mm		m	1위
못 길이	cm	1위	kg	2위
석유, 휘발유, 모빌유			l	2위
구리스			kg	2위
넝마			kg	2위
화약류			kg	3위
뇌관			개	단위한
도화선			m	1위
석탄, 목탄, 코크스			kg	2위
산소			l	단위한
카바이트			kg	1위
도료(塗料)			l 또는 kg	2위
도장(塗裝)			m^2	1위
관류, 길이	m	2위	개	단위한
지름	mm	단위한		

표 7.1 설계서의 단위 및 소수위 표준(계속)

종 목	규 격		단위 수량	
	단위	소수	단위	소수
두께	mm			
수로 연장			m	1위
옹벽			m^2	1위
승강장옹벽 및 울타리			m	1위
궤도 부설			km	3위
시험 하중			ton	단위한
보링(시추)			m	1위
방수 면적			m^2	1위
건물 면적			m^2	2위
지붕, 벽부치기			m^2	1위
우물	깊이		m	1위
가마니			장	단위한

(1) 면적과 부피 계산

구조물의 체적(부피), 표면적, 단면적 계산에 이용되는 공식을 다음의 표에 제시한다.

표 7.2 기하학적 입체의 체적과 표면적 계산식

명칭	형상	체적 V	표면적 S 측면적 F	비 고
입방체	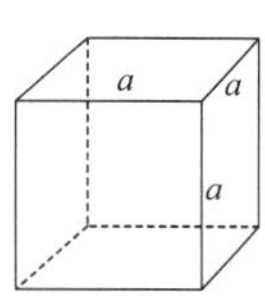	$V=a^3$	$S=6a^2$	
직육면체	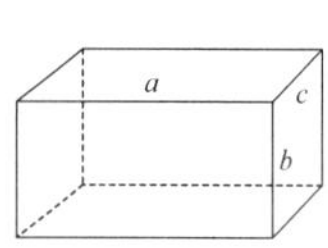	$V=abc$	$S=2(ab+bc+ca)$	

표 7.2 기하학적 입체의 체적과 표면적 계산식(계속)

명칭	형상	체적 V	표면적 S 측면적 F	비 고
사삼각 기둥	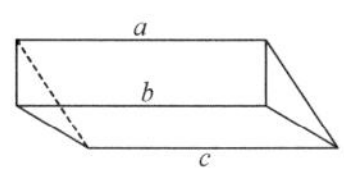	$V=\frac{1}{3}(a+b+c)N$		N : 능(稜)에 수직되는 단면적
사 n 각기둥		$V=Nl$		N : 능(稜)에 수직되는 단면적 l : 양저면(兩底面)의 중심을 잇는 선분의 길이
사면체	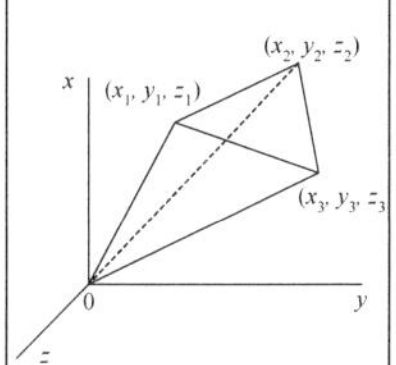	$V=\frac{1}{6}[x_1(y_2z_3-y_3z_2)-x_2(y_1z_3-y_3z_1)+x_3(y_1z_2-y_2z_1)]$		
절두 각 추 (切頭角錐)	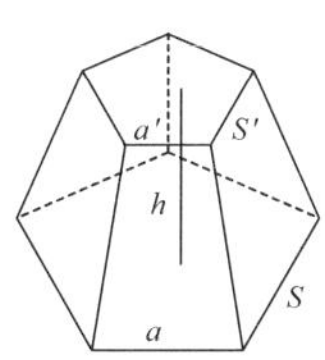	$V=\frac{1}{3}h(A+A'+\sqrt{AA'})$ $=\frac{1}{3}Ah[1+\frac{S'}{S}+(\frac{S'}{S})^2]$		
절두단형 각추 (切頭短形角錐)	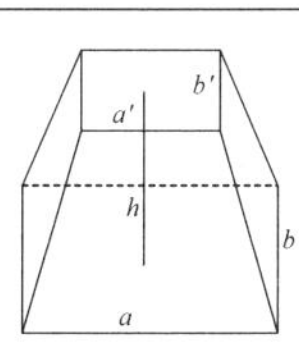	$V=\frac{1}{6}h[(2a+a')b+(2a'+a)b']$ $=\frac{1}{6}h[ab+(a+a')(b+b')+a'b']$		
쐐기형 (楔形)	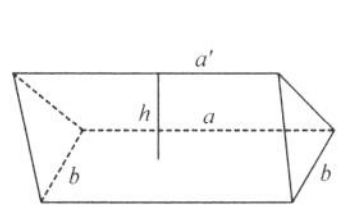	$V=\frac{1}{6}(2a+a')bh$		
원기둥 (直圓柱)	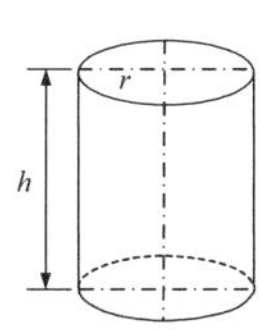	$V=\pi r^2h$	$S=2\pi r(r+h)$ $F=2\pi rh$	

표 7.2 기하학적 입체의 체적과 표면적 계산식(계속)

명칭	형상	체적 V	표면적 S 측면적 F	비 고
사절직 원주 (斜切直圓柱)	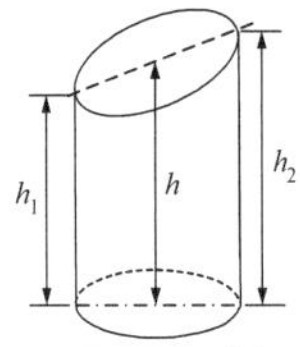	$V=\frac{1}{2}(h_1+h_2)\pi r^2$	$F=\pi r(h_1+h_2)$	
중공직 원주 (中空直圓柱)	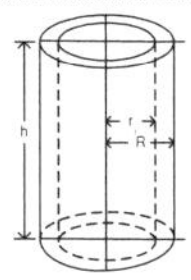	$V=\pi h(R^2-r^2)$ $=\pi ht(2R-t)$ $=\pi ht(2r+t)$ $=2\pi ht\rho$		$t=R-r$ $\rho=\frac{1}{2}(R+r)$
원뿔 (直圓錐)	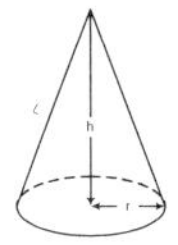	$V=\frac{1}{3}\pi r^2 h$	$F=\pi r\sqrt{r^2+h^2}$ $=\pi rl$	$l=\sqrt{\delta^2+h^2}$
절두직 원추 (切頭直圓錐)	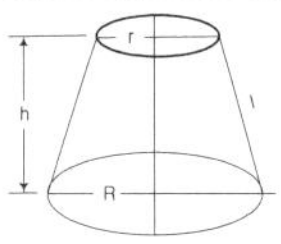	$V=\frac{1}{3}\pi h(R^2+Rr+r^2)$ $=\frac{1}{4}\pi h(\sigma^2+\frac{1}{3}\delta^2)$	$F=\pi l\sigma$	$l=\sqrt{\delta^2+h^2}$ $\sigma=R+r$ $\delta=R-r$
구(球)	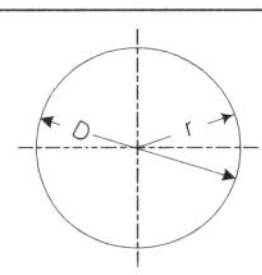	$V=\frac{4}{3}\pi r^2=\frac{1}{6}\pi D^3$	$S=4\pi r^2=\pi D^2$	
중공구 (中空球)	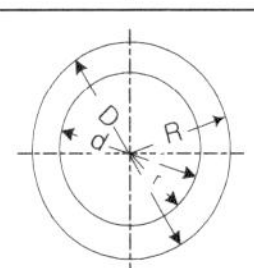	$V=\frac{4}{3}\pi(R^3-r^3)$ $=\frac{1}{6}\pi(D^3-d^3)$		
구결 (球缺)	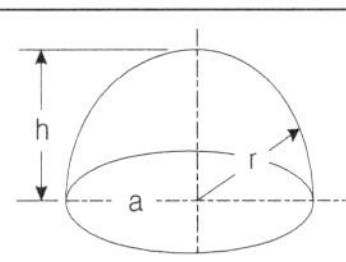	$V=\frac{1}{6}\pi h(3a^2+h^2)$ $=\frac{1}{3}\pi h^2(3r-h)$	$F=2\pi rh$ $=\pi(a^2+h^2)$	$a^2=h(2r-h)$
구대 (球帶)	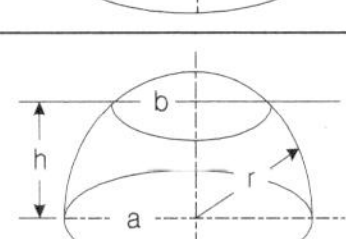	$V=\frac{1}{6}\pi h(3a^2+3b^2+h^2)$	$F=2\pi rh$	$r^2=$ $a^2+\frac{(a^2-b^2-h^2)^2}{(2h)^2}$
구분 (球分)	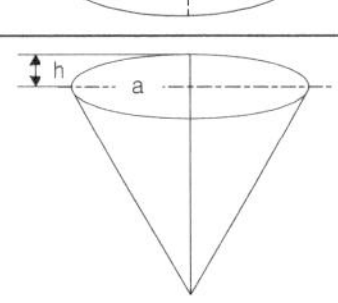	$V=\frac{2}{3}\pi r^2 h$	$S=\pi r(2h+a)$	

표 7.2 기하학적 입체의 체적과 표면적 계산식(계속)

명칭	형상	체적 V	표면적 S 측면적 F	비고
타원구 (楕圓球)	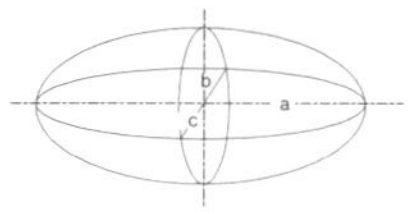	$V=\frac{4}{3}\pi abc$		
회전타원체 (回轉楕圓體)	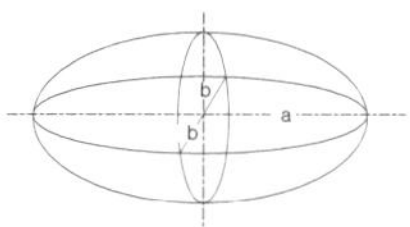	$V=\frac{4}{3}\pi ab^2$		$2a$ 축
회전포물체 (回轉抛物體)	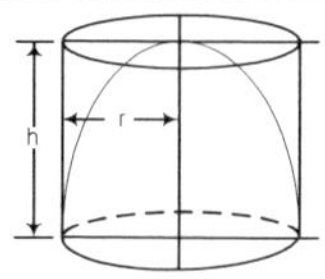	$V=\frac{1}{2}\pi r^2 h$		
절두회전 포물체 (切頭回轉 抛物體)	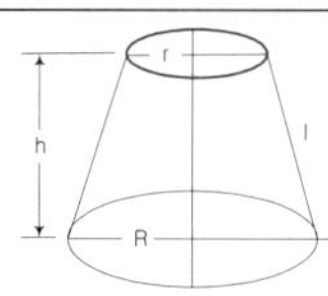	$V=\frac{1}{2}\pi(R^2+r^2)h$		
토오라스 (torus)	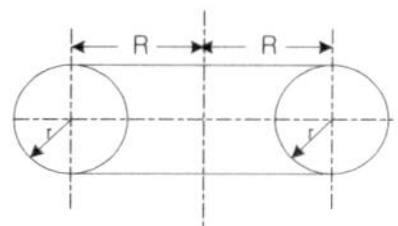	$V=2\pi^2 Rr^2$	$S=4\pi^2 Rr$	

표 7.3 도형 면적 계산식

도형	그림	계산식	도형	그림	계산식
정방형	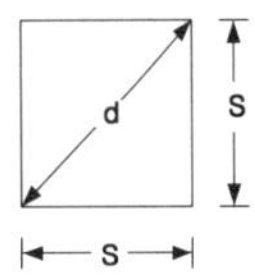	$A=S^2$ $A=\frac{1}{2}d^2$ $S=0.7071d$ $d=1.414S$	정팔각형	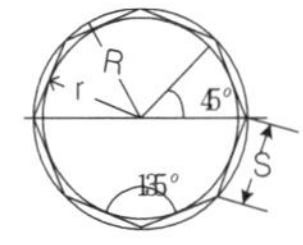	$A=4.828S^2=2.828R^2$ $R=1.307S$ $r=1.207S$ $S=0.765R$
장방형	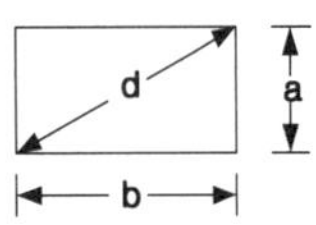	$A=ab$ $d=\sqrt{a^2+b^2}$ $a=\sqrt{a^2-b^2}$ $b=\sqrt{d^2-a^2}$	정다각형	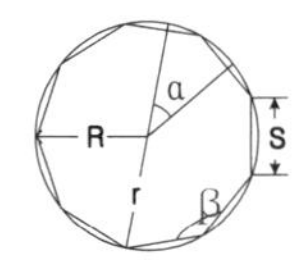	$n=$ 변수로 하면 $a=\frac{360^o}{n}\quad B=180^o-a$ $A=\frac{nSr}{2}=\frac{nS}{2}\sqrt{R^2-\frac{S^2}{4}}$ $S=2\sqrt{R^2-r^2}$
평행사변형	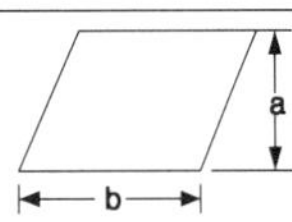	$A=ab$	원	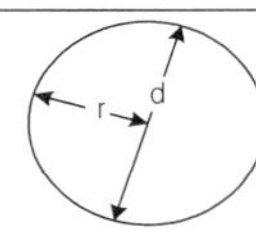	$A=3.142r^2$ $C=$ 원주로 하면 $C=3.142d$ 중심각 1^o에 대한 호의 길이 $=0.008727d$
직각삼각형	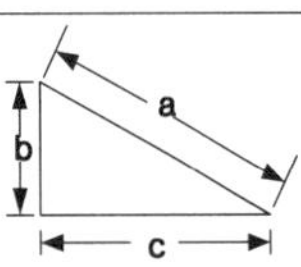	$A=\frac{bc}{2}$ $a^2=b^2+c^2$	원분	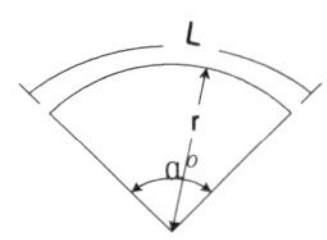	$L=\frac{3.142ra}{180}$ $A=\frac{1}{2}rL=0.008727ar^2$ $a=\frac{57.296L}{r}$
삼각형	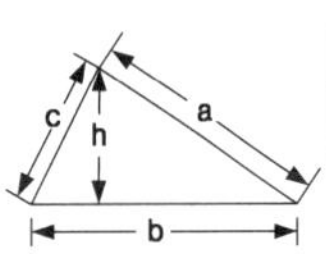	$A=\frac{bh}{2}$ $=\frac{b}{2}\sqrt{a^2-(\frac{a^2-b^2+c^2}{2b})^2}$ $S=\frac{1}{2}(a+b+c)$로 하면 $A=\sqrt{s(s-a)(s-b)(s-c)}$	결원	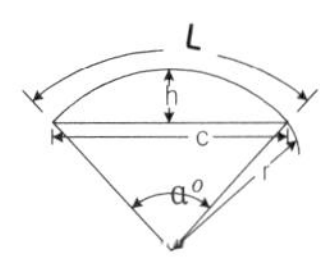	$c=2\sqrt{(2r-h)}$ $A=\frac{1}{2}[rL-c(r-h)]$ $r=\frac{c^2+4h^2}{8h}$ $L=0.01745ra$
재형	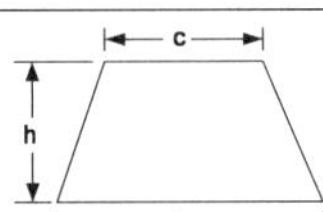	$A=\frac{(a+b)h}{2}$	선형	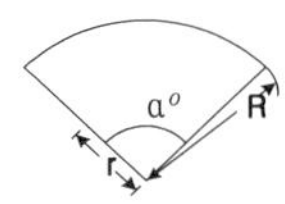	$A=\frac{\alpha\pi}{360}(R^2-r^2)$ $=0.00873a(R^2-r^2)$
사변형	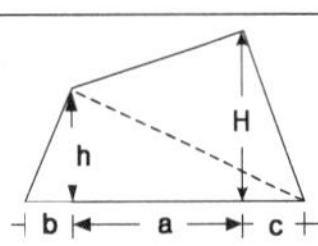	$A=\frac{(H+h)a+bh+cH}{2}$	각연	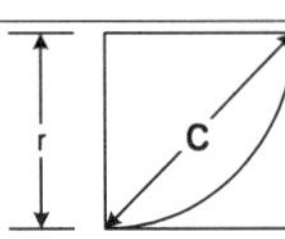	$A=r^2-\frac{\pi r^2}{4}$ $=0.215r^2$ $=0.1075c^2$
정육각형	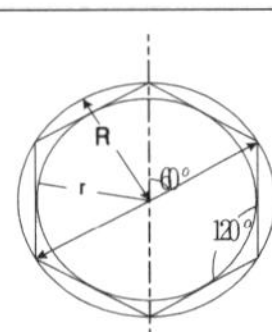	$A=2.598S^2=2.598R^2$ $R=S=1.155r$ $r=0.866S=0.866R$ $S=R=1.155r$	타원	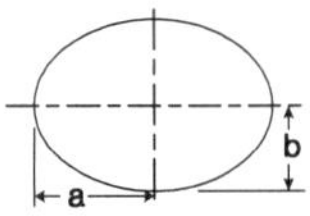	$A=3.142ab$ $P=$ 타원의 원주로 하면 $P=3.142\sqrt{2(a^2+b^2)}$ (근사치)

(2) 콘크리트 물량 산출

① 콘크리트 종류와 등급별로 물량을 계산한다.

② 구조물 부위별로 기하학적 도형으로 구분하여 체적과 표면적을 계산한다.

③ 길이 방향으로 긴 구조물은 단위길이(m) 당 물량(m3/m)을 계산한 후 구조물 길이를 곱하여 총 물량을 계산한다.

④ 소수점 아래 두 자리 이하를 반올림하여 소수위 2자리로 표시한다.

⑤ 복잡한 형태의 구조물은 가장 근사적인 기하학적 도형에 대한 공식으로 근사적으로 계산한다.

(3) 거푸집 물량 산출

① 표준품셈에 따라 면적(m2)으로 계산한다.

② 빈배합 버림콘크리트는 일반적으로 거푸집 물량 산출에서 제외한다.

③ 길이가 긴 구조물의 마구리면은 계산하지 않는다.

(4) 철근량 산출

① 철근 배근 상세도에서 규격이 같은 철근을 선별하여 철근 기호 별로 개당 길이를 mm로 산출한다.

② 구조물 단면에 배근된 철근의 개수를 헤아린다.

③ 총 길이 = 개당 길이 × 철근 개수

④ 일반적으로 할증률 및 이음 길이는 계산하지 않는다.

(5) 토공량 계산

① 토공량은 표준품셈에 따라 체적(m3)으로 계산한다.

② 토공단면 계산은 근사적인 기하학적 도형으로 계산한다.

③ 토량은 토량변화율을 적용하여 계산한다.

④ 토공의 대상이 되는 흙은 굳기에 따라 토공 단가가 다르기 때문에 공사 지점의 지반 조건에 따라 흙과 암의 종류를 구분하여 각각의 토공물량을 산출해야 한다.

건설공사표준품셈에서는 흙과 암의 종류를 보통토사, 경질토사, 고사 점토 및 자갈 섞인 토사, 호박돌 섞인 토사, 풍화암, 연암, 보통암, 경암, 극경암으로 분류하고 있다.

7.2.3 도로공사 토공량 산출법

도로공사의 절토량과 성토량 계산은 그림 7.2와 그림 7.3에 제시된 종단면도와 횡단면도를 이용한다. 종단면도를 보면 계획도로 중앙선을 따라 지점별로 도로 계획고와 지반고가 표시되어 있다. 지반고가 계획고보다 높으면 절토부가 되고 낮으면 성토부가 된다. 횡단면도에는 동일 단면에서 지형에 따라 순절토, 순성토, 또는 절성토부로 나타난다. 토공량 계산은 다음 공식에 의하여 산출할 수 있다.

$$\text{절토량} = \sum(\text{구간양단 횡단면도의 절토부면적평균} \times \text{구간거리})$$

$$\text{성토량} = \sum(\text{구간양단 횡단면도의 성토부면적평균} \times \text{구간거리})$$

곡선	측점	단거리	추가거리	지반고	계획고	절토	성토	구배
	No.0	0.00	0.00	101.97	101.97			101.97
	No.1	20.00	20.00	102.86	102.71	0.15		S=3.7%
I=26°40'00" R=100m TL=23.70 C.L=46.54	B.C₁	11.50	31.50	104.09	103.14	0.85		L=160m
	No.2	8.50	40.00	105.30	103.45	1.85		
	No.3	20.00	60.00	105.16	104.19	0.97		
	Nof 3+6.5	6.50	66.50	103.33	104.44		1.11	
	EC₁	11.54	78.04	102.65	104.86		2.21	
	No.4	1.96	80.00	102.66	104.93		2.27	
	No.4+8	8.00	88.00	104.01	105.23		1.22	
	No.5	12.00	100.0	106.28	105.67	0.61		
	No.6	20.00	120.0	108.33	106.41	1.92		
	No.7	19.60	140.0	111.94	107.15	4.79		
	No.8	20.00	160.0	113.05	107.86	5.19		107.89
	No.8+14.21	14.21	174.21	112.90	108.14	4.76		S=1.7%
	No.9	5.79	180.0	112.0	108.23	3.77		L=120m
	No.10	20.00	200.0	110.02	108.57	1.45		
	BC₂	12.40	212.4	108.07	108.78		0.71	
	No.11	7.66	220.0	107.30	108.91		1.61	
I=37°09'00" R=150m TL=50.41 C.L=97.26	No.12	20.00	240.0	106.50	109.25		2.75	
	No.13	20.00	260.0	108.52	109.59		1.07	
	No.14	20.00	280.0	109.29	110.03		0.74	109.93
	No.15	20.00	300.0	109.76	111.03		1.27	S=5.5%
	EC₂	10.34	10.34	110.25	111.56		1.31	L=100m
	No.16	9.66	320.0	110.27	112.13		1.89	
	No.17	20.00	340.0	111.41	113.23		1.82	
	No.17+8	8.00	348.0	115.53	113.67		2.14	
	No.18	12.00	360.0	114.23	114.23		0.10	
	No.19	20.00	380.0	115.43	115.43			115.43

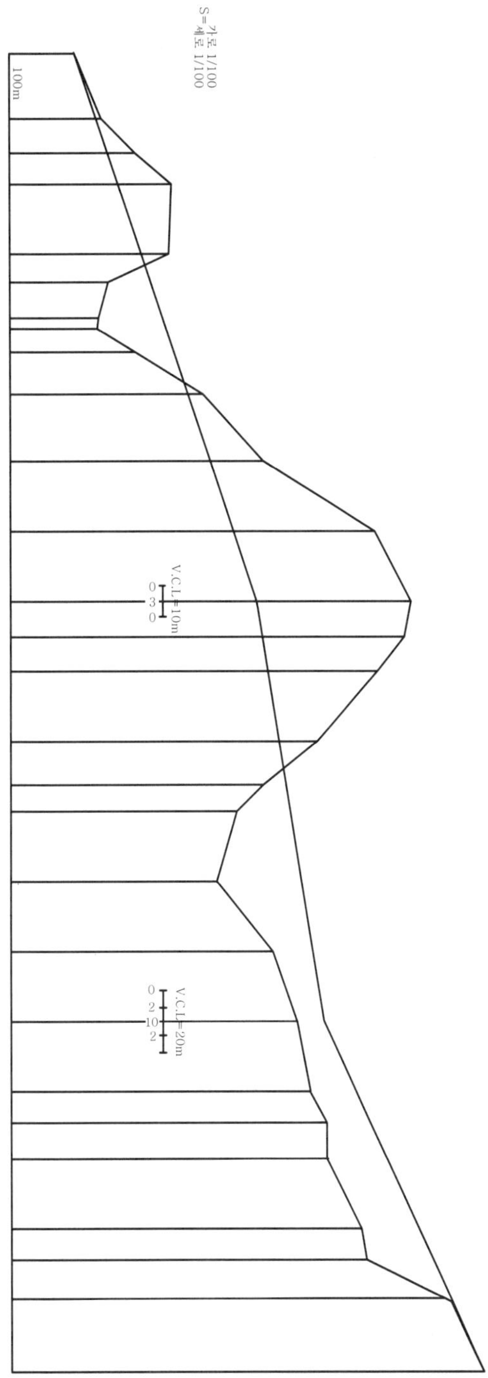

그림 7.2 도로설계 종단면도

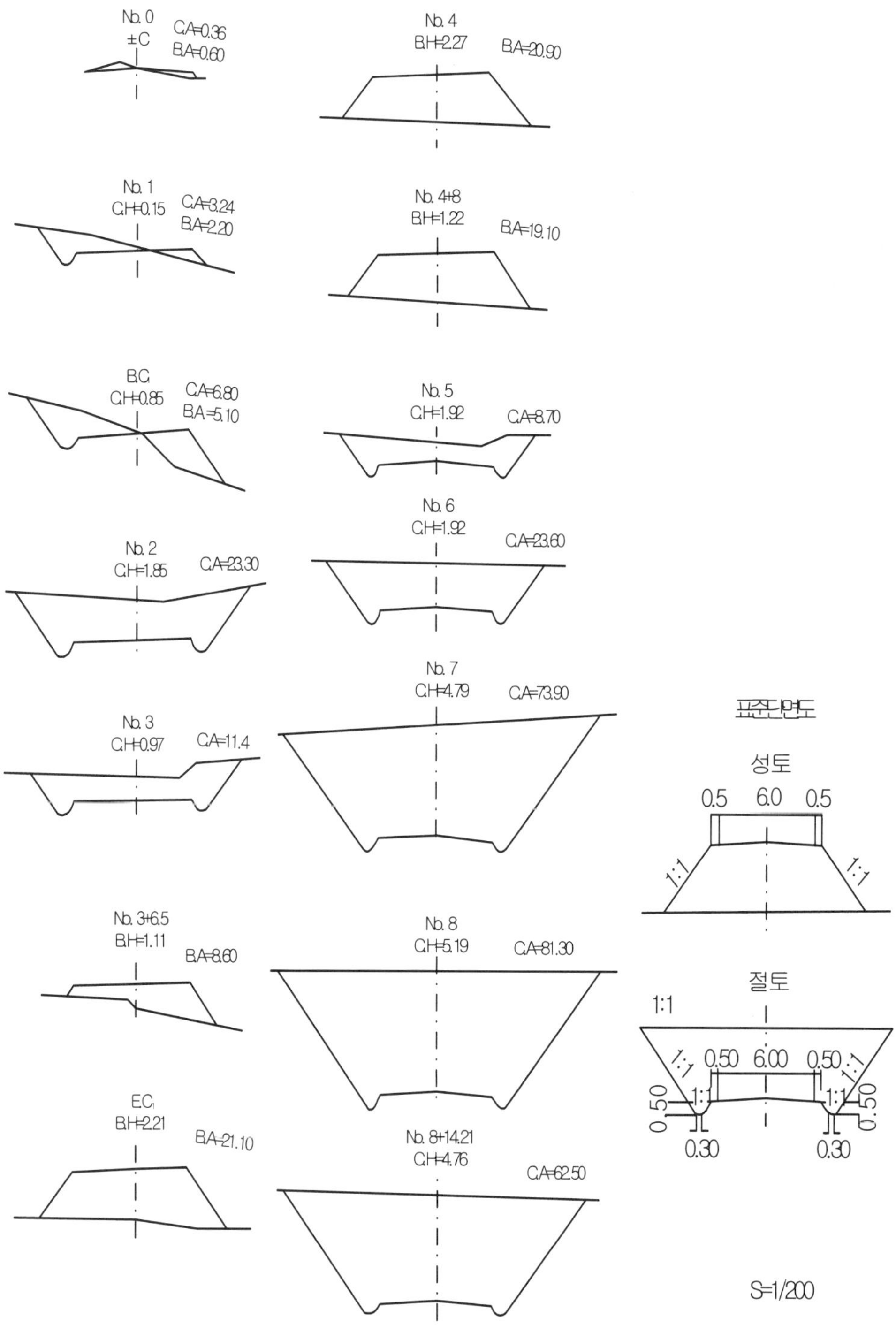

그림 7.3 도로설계 횡단면도

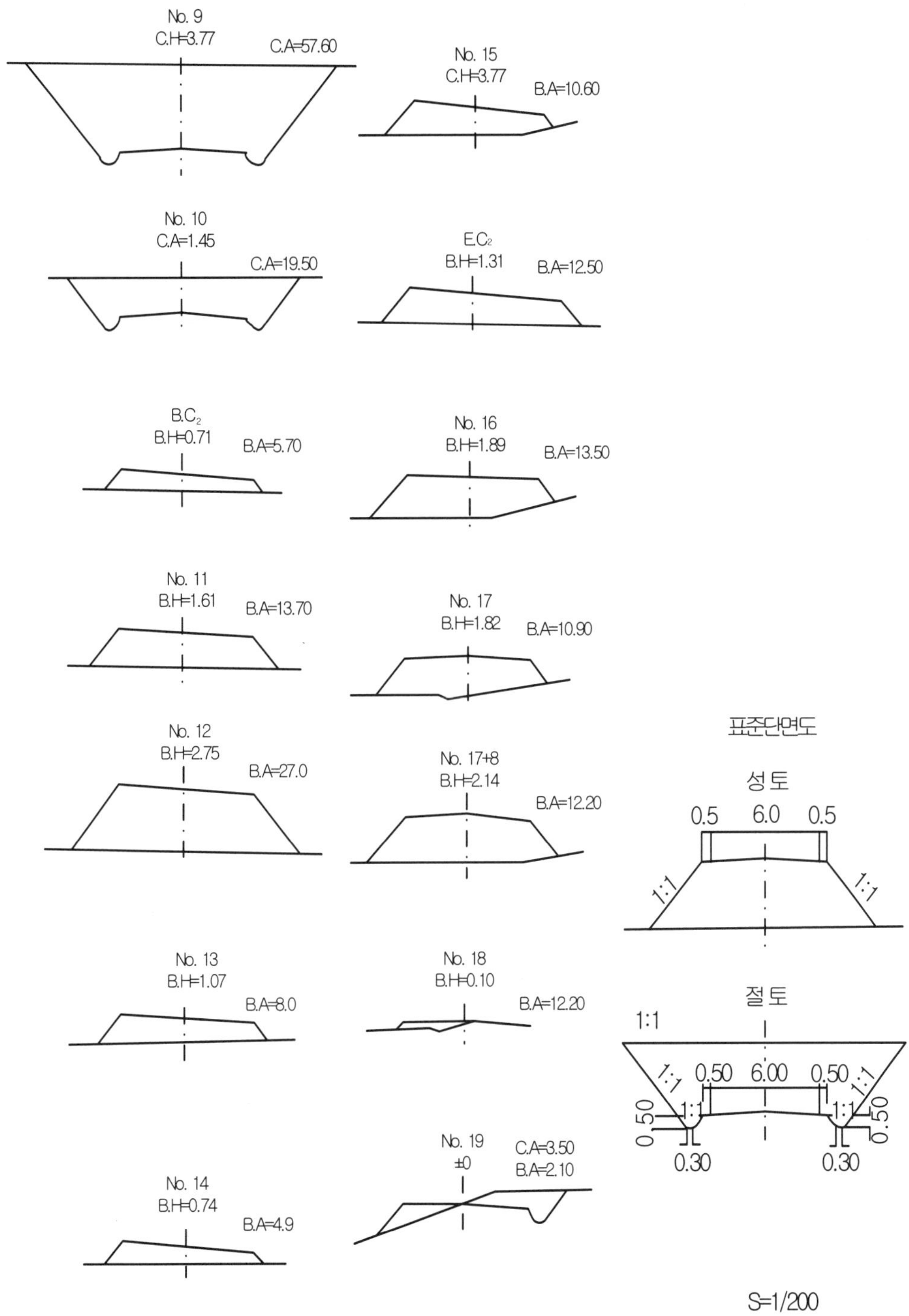

그림 7.3 도로설계 횡단면도(계속)

7.2.4 금액 산출

(1) 예정가격 산정

예정가격 산정은 거래실례가격 또는 원가계산에 의한 공사가격을 적용하며, 비목 구성은 그림 7.3과 같이 재료비, 노무비, 경비로 구성된 순공사원가와 일반관리비, 이윤 등으로 되어 있다.

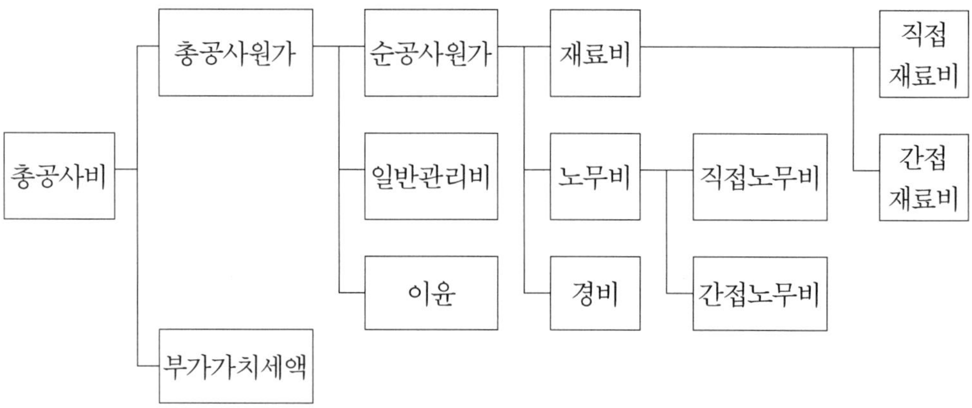

그림 7.3 예정가격 비목구성

● 재료비

재료비는 시공에 소요되는 소정규격의 재료량에 단위당 가격 또는 재료단가를 곱한 금액의 합계액이며, 직접재료비와 간접재료로 구성되고, 재료단가는 거래실례가격 또는 정부지정 전문가격조사기관의 물가지수에 의한다. 실무에서 재료비 적용은 조달청가격과 전문가격조사기관의 월별공표가격 중 최저공표가격을 적용하기 때문에 시장 가격과 차이가 클 수도 있다.

● 노무비

가) 직접노무비: 1일 8시간 기준임금. 휴일, 야간, 시간외수당 등은 통상임금의 100분의 50 이상을 지급

나) 간접노무비: 직접계산방법; (노무량 × 노무비단가)
비율분석방법; (직접노무비 × 간접노무비율)

보완적용방법; (공사원가 계산자료 이용)

등으로 계산

다) 노임단가: 정부고시 노임단가로서 50~60개 현장을 대상으로 연1회 실사 후 매년 1월 1일부터 공표, 적용한다.

- 경비

공사원가 중 재료비, 노무비를 제외한 22개의 비목으로 구성되며, 시공기간 중 예상되는 소요량을 추정하거나 원가계산 자료를 근거로 산출한다.

- 일반관리비, 이윤

일반관리비는 재료비, 노무비, 경비합계액의 6% 미만으로 하며, 각각의 산정식은 다음과 같다.

일반관리비 = (재료비 + 노무비 + 경비) × (일반관리비율 × 1/100)

이윤 = (노무비 + 경비 +일반관리비) × (이윤율 × 1/100)

- 기계경비

기계손료, 운전경비, 조립해체비, 수송비로 구성되고, 기계손료는 다음 식으로 계산되며 암석굴착 및 현장조건에 따라 10~25% 보정 가산된다.

- 시간당 손료 = 취득가격 × (시간당 상각비계수 +시간당 정비비계수 +시간당 관리비계수)

  = {(상각비율+정비비율) / (경제적 내용시간)}+{(평균 취득가격계수 × 연간 관리비계수) / (연간 표준가동시간)}

(2) 공사비 구성 비목 분류

공사비를 구성하는 비목 분류는 적산업무의 기반이 되는 중요사항으로 공사규모나 내용에 따라 원가관리의 효과를 높일 수 있는 분류로 한다. 일반적으로는 그림 7.4에 있듯이 크게 직접공사비, 간접공사비, 일반관리비 등으로 나누고 있다.

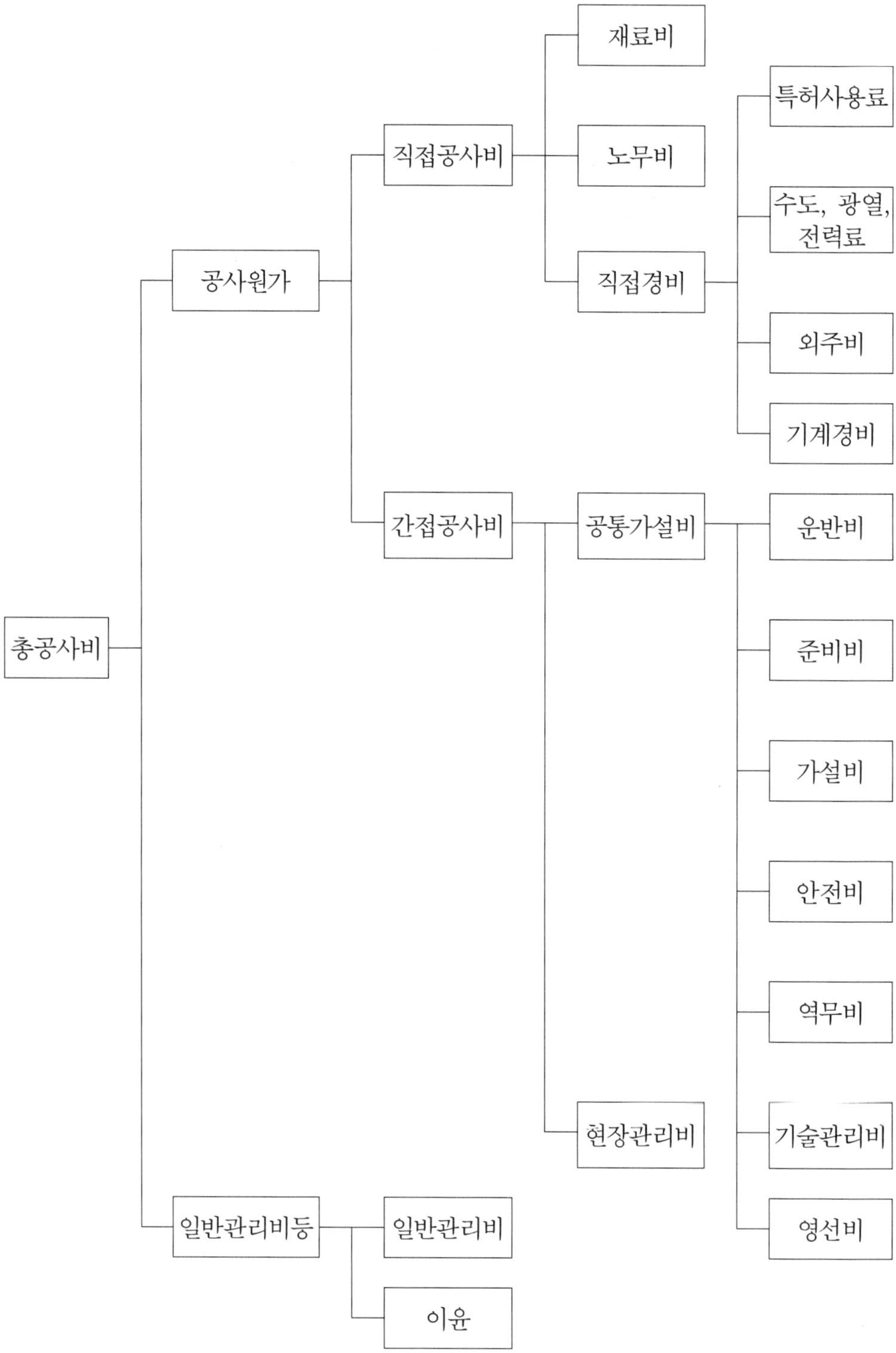

그림 7.4 토목공사비 구성 예

가) 직접공사비: 공사원가의 중심으로서 공사목적을 완성하기 위해 직접 소요되는 금액

① 재료비: 소요 수량, 단가, 규격, 물가동향 등에 유의
② 노무비: 품, 단가 등에 유의
③ 직접경비: 기계경비, 특허 사용료, 외주비, 전력수도광열비등이 포함되고 기계손료, 단위작업당 작업시간 산정에 유의

나) 간접공사비: 직접공사비에 포함되지 않는 공사용 제비용을 말하며 가설공사비(가설자재, 가설물설치 공사비, 공기구사용료 및 기타항목)는 직접공사와 동일한 요령으로 산출계상하며, 도급 내역서와 대비하여 포함되지 않는 사항을 별도로 표기 산출 하도록 한다.

① 공통가설비: 주로 직접공사의 시공수단으로서 공사기간 중에 설치되어 공사종료 후에 철거되는 일시적 비용으로 운반비, 준비비, 가설물비 등으로 구성된다.
② 운반비: 공통가설에 따른 운반비용
③ 준비비: 부지측량 및 벌개제근 등에 관한 비용
④ 가건물비: 현장사무실, 창고, 실험실, 숙소 등의 비용
⑤ 가설물비: 공사용 도로 및 공사에 필요한 비계, 동바리 등에 의한 직접가설
⑥ 안전비: 공사진행 중의 안전관리를 위한 비용
⑦ 역부비: 야적장 등의 부지 임대료, 전기수도료 및 도로 점용료 등에 관한 비용
⑧ 기술관리비: 공사전반에 걸친 현장설계, 공정관리, 품질관리 등에 관한 비용
⑨ 영선비: 가건물, 가설물의 보수 및 유지에 관한 비용
⑩ 현장관리비: 공사 운영상 필요한 직접경비로 노무관리비 제세공과(자동차세 등), 보험료, 복지 후생비, 교제비 등으로 구성된다.
현장관리비율 = 현장관리비 / 총공사비
⑪ 일반관리비 등: 공사 시공을 위한 기업 경영, 관리 등의 활동을 위하여 필요한 본 · 지사의 경비로서 그 항목은 시공회사의 이윤을 포함하여 임원과 직원의 급료, 기부금, 비품이나 차량 등의 감가상각비, 퇴직금, 광고비 등으로 구성된다.
일반관리비율 = 일반관리비등 / 공사원가

(3) 공사비 산출 순서

공사비 산출은 다음과 같은 순서를 따른다.

① 공종 단가
② 공종별 공사비
③ 직접 공사비
④ 제 경비
⑤ 순 공사비: (직접 공사비 + 제 경비)
⑥ 고용보험료, 일반관리비, 이윤
⑦ 공급가액
⑧ 부가가치세
⑨ 공사비

(4) 공종별 단가 계산

1) 재료와 자재의 단가

① 건설재료와 자재의 단가는 거래실례가격 또는 통계법의 규정에 의한 지정기관이 조사하여 공표한 가격, 감정가격, 유사한 거래실례가격, 견적가격을 기준으로 하며, 적용 순서는 국가를 당사자로 하는 계약에 관한 법률 시행규칙의 규정에 따른다.

② 재료와 자재의 단가에 운반비가 포함되지 않았을 경우에는 구입 장소로부터 현장까지 운반비를 계상할 수 있다.

- 노무비: 국가계약법 및 회계 예규
- 자재비: 설계시점의 조달청 가격 및 물가정보지, 생산자의 견적서
- 유류비: 설계시점의 대리점 가격
- 장비비: 표준품셈의 장비비 산정

2) 재료의 할증

공사에 소요되는 재료의 양은 운송과 시공 중에 발생하는 손실을 감안하여 정해진 비율의 여유분을 확보해야한다. 이러한 여유분의 재료량을 재료의 할증

률이라 하며 표준품셈에 그 할증률이 제시되어 있다. 공사비 산출에 사용되는 재료의 수량은 이 할증률을 적용한 값을 사용한다.

3) 노임과 노임의 할증

노임은 관계법령의 규정에 따른다. 정규 근로시간외, 야간, 휴일의 근무나 유해위험작업인 경우에는 법령이 정하는 바에 따라 할증된 노임을 적용한다.

4) 품과 품의 할증

작업에 소요되는 품은 표준품셈에 따르며 특수한 조건에서는 품셈이 정한 품의 할증률을 적용한다.

5) 제경비 산출

① 재료비, 직접 노무비, 경비: 품셈으로 산정

② 간접 노무비: 직접노무비 × 간접노무비율

③ 산재보험료: (직접노무비+간접노무비) × 산재보험요율

④ 고용보험료: (직접노무비+간접노무비) × 고용보험요율

⑤ 기타경비: (직접노무비+간접노무비+재료비) × 기타경비율

⑥ 안전관리비: (직접노무비+재료비+관급자재비(VAT제외) − 별도계상비) × 안전관리비율

⑦ 환경보전비: (직접노무비+재료비+산출경비) × 환경보전비율

⑧ 일반관리비: (공사원가-잡비공제금-기술료) × 일반관리비율

⑨ 이윤: (공사원가-재료비-제잡비공제금-기술료+일반관리비) × 이윤율

6) 일위대가표(一位代價表, itemized unit cost) 작성

공사단위수량(m, m2, m3, ton 등)에 소요되는 자재비, 노무비, 경비의 합으로서 단위공종당 단가를 산출하고 이를 일위대가라 한다. 공사 전 과정에서 같은 공종에는 이 단가가 적용된다.

(5) 금액의 단위 표준(건설공사표준품셈, 2005)

표7.3 금액의 단위 표준

종 목	단 위	지위(止位)	비 고
설계서의 총액	원	1,000	이하 버림(다만, 10,000원 이하의 공사는 100원 이하를 버림)
설계서의 소계	원	1	미만 버림
설계서의 금액란	원	1	미만 버림
일위대가표의 계금	원	1	미만 버림
일위대가표의 금액란	원	0.1	미만 버림

(6) 설계 공사비 내역서 작성

- 순공사비 = 직접공사비+간접노무비+산재보험료+기타경비+안전관리비
- 공급가액 = 순공사비+고용보험료+일반관리비+이윤
- 부가가치세 = 공급가액의 10%
- 도급예정액 = 공급가액 + 부가가치세

표 7.4 공사비 내역서

공 사 명 : 공사기간 : 2007.00.00.~ 00.00.

비목		구분	금액	구성비	비고
순공사원가	재료비	직접재료비	5,000,000		
		간접재료비	500,000		
		작업설·부산물등(△)	300,000		
		소계	5,800,000		
	노무비	직접노무비	10,000,000		
		간접노무비	800,000		
		소계	10,800,000		
	경비	전력비	200,000		
		수도광열비	100,000		
		운반비	100,000		
		기계경비	-		
		특허권사용료	2,000,000		
		기술료	5,000,000		
		연구개발비	5,000,000		
		설계비	10,000,000		
		품질관리비	-		
		가설비	-		
		지급임차비	-		
		보험료	1,500,000		
		복리후생비	2,000,000		
		보관비	-		
		외주가공비	-		
		안전관리비	500,000		
		소모품비	200,000		
		여비·교통비·통신비	300,000		
		세금과공과	150,000		
		폐기물처리비	2,400,000		
		도서인쇄비	500,000		
		지급수수료	-		
		환경보전비	500,000		
		보상비	-		
		안전점검비	-		
		건설근로자퇴직금제부금비	1,000,000		
		기타법정경비	400,000		
		소계	31,850,000		
일반관리비[(재료비+노무비+경비)x( )%]			1,496,950		
이윤[(노무비+경비+일반관리비)x( )%]			4,414,695		
정기안전점검비					
공사손해보험료[(총원가-이윤)x( )%]					
설계비					
공급가액					
부가가치세					
총원가					

7.2.5 비용요소별 적산법

일반적으로 토목공사는 공종별로 실행예산을 편성하지만 소규모 공사나 도급 금액이 고정되어 있는 공사, 또는 공사내용이 간단하여 예산상 큰 변동이 없는 공사인 경우는 발주관리에 중점을 두어 요소별로 관리하는 경우도 있다. 이를 위해서는 적산과정을 『재료비』, 『노무비』, 『경비』의 3요소로 분리하여 추후 각 요소별로 집계가 가능하게 할 필요가 있다.

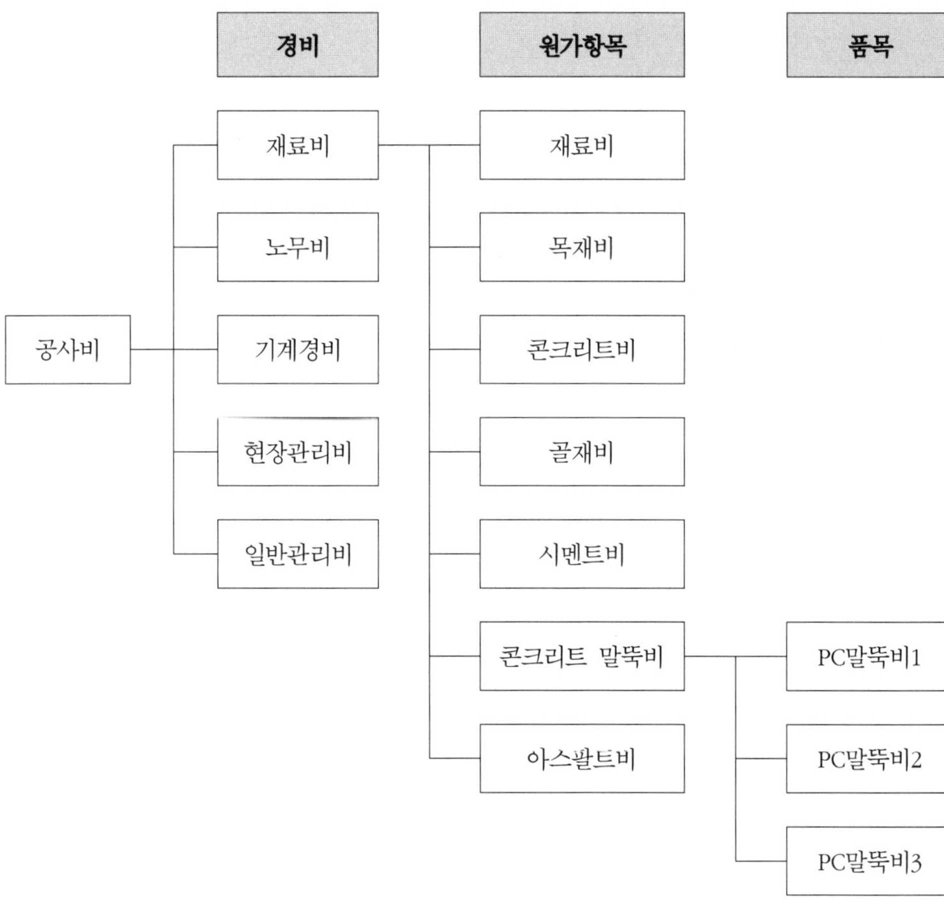

그림 7.5 비용요소별 적산체계의 예

요소별 적산체계를 예로서 나타내면 그림 7.5와 같다. 이 경우에 위의 각 비용요소별 집계상황은 공사분할체계(WBS-work breakdown structure)에 나타난 모든 항목에 대해 항목별로 집계가 가능하도록 하여 각 항목마다 비용의 부족 및 과다상황을 알 수 있고 원가항목이 단순하여 원가수집, 정리가 간단해 진다.

(1) 기계경비 산출

최근의 공사에는 기계를 사용하는 경우가 무척 중요하여 전체공사비에서 기계경비가 차지하는 비율이 점점 높아져 원가관리상 중요 요소로 되었다. 기계경비의 내역은 세부적으로 나누어 원료, 운전비, 운전노무비, 관리비 등으로 구성되나 이 들은 모두 합하여 기계경비라 하고 통상 일당 또는 시간당 금액으로 나타낸다.

(2) 노무비 산출

공사에 필요한 노무비의 소요 인원수는 공사의 종류, 조건을 세분화하여 품셈조사를 통해 직종별로 구한다. 노무비 산출 때의 소요인원 산정에는 품셈을 최대한 활용하고 품셈의 적용이 적절치 않는 경우에는 현상에서 입수한 다수의 실행예산 내역서를 참고한다. 산정방법은 (소요인원수 × 임금단가) 이므로 노무비 관련 자료는 직종코드, 직종별, 일당 단가로 구성되며 간접노무비는 다음 식으로 산출된다.

간접노무비 = 표준품셈에 의한 직접노무비 × 간접노무비율
간접노무비율 = 간접노무비 / 직접노무비

(3) 재료비 산출

적산업무에서 가장 방대한 자료가 되고 금액에서도 큰 비중을 차지하며 공사에 직접 투여되는 직접재료비와 공사 완성물의 구성 재료는 아니지만 보조적으로 소비되는 간접재료비로 구분된다. 재료비 산정은 품셈 또는 시공경험상에서 나타난 (소요수량 × 재료단가)로서 구할 수 있으며 각종 자재의 단가는 조달청이나 일반 물가조사 기관에서 매월 출판하는 물가자료에 근거한다.

7.2.6 표준품셈

(1) 표준품셈의 관리 ·적용 실태

표준품셈은 건설공사 세부공종별 표준적 작업조건에서 단위작업 수행을 위한 자원의 소요수량을 명기해 놓은 것으로, 토목부문의 표준품셈은 21공종, 310종목으로 구성되어 있다. 토목부문의 표준품셈은 국토해양부 기술관리관실에서 관리하고 있으며, 운영은 품셈의 제정 · 개정 사항을 심의하기 위한 50인 이내의 품셈심의위원회가 있다. 토목, 건축, 기계설비 부문은 매년 90~100개 종목이 제정 · 개정의 보완대상으로 되어 실사를 한 후 최종안이 확정된다. 현행 표준품셈은 정부가 제정하여 건설공사의 원가계산에 적용하고 있으나, 현장의 시공조건을 반영하는데 미흡하고, 표준이라는 엄격성으로 실무자의 적용상 재량이 저해되고 있어서 현실적인 가격계산이 어려운 실정이다. 또한 현장 시공조건의 다양성, 신기술 · 신공법 적용, 시공 실태 변화 등에 적시적응이 불가능하다.

(2) 신기술·신공법 채택에 따른 적산 방법

아직까지 사용하지 않던 공법, 장비 등을 시공단계에 채용하는 경우에는 기존의 품셈을 적용할 수 없게 된다. 현재의 관행으로는 이러한 경우에 계약상대자와 제3자의 원가계산 자료 등에 의존하고 있다. 신기술 등에 의한 공사를 적극 유도하기 위하여 다음의 방법으로 품셈을 제정할 수 있다.

① 관련전문기관에 원가계산자료 의뢰
② 잠정적인 품셈제정
③ 장점 품셈에 의한 공사금액을 설계에 반영
④ 시공완료 후 사후정산
⑤ 유사 공사 자료 모음
⑥ 신규 품셈 제정
⑦ 승인된 계획 설계도서

7.2.7 실적공사비 적산 제도

적산방법이 기존의 품셈방식에 의한 원가계산방식에서 실적기반방식으로 전환되는 추세이다. 현재 실적기반 자료 확보를 위해 정부투자기관에서는 시범 발주공사를 하고 있다.

실적공사비 적산제도는 과거에 시행된 건설공사로부터 산출된 공종별 계약단가를 기초로 시간, 규모, 지역차 등에 대한 보정을 실시하여 차기 건설공사의 예정가격 산출에 활용하는 제도이다. 같은 실적공사비 적산제도의 도입·시행을 위해서는 체계적이고 통일적인 수량산출 및 내역서 작성을 위한 수량산출기준(수량산출 및 단가산정기준)을 정부가 마련하고, 발주기관별로 건설업체가 수량산출기준에 따라 작성하여 입찰한 산출내역서에서 공사비 정보(실적공사비)를 추출하고 체계적으로 축적하여 향후에 유사공사의 예정가격 산정에 활용할 수 있는 체계를 정비할 필요가 있다.

예제 7.1

- 다음의 옹벽구조물 설계도를 보고 길이 1m당 콘크리트, 거푸집, 토공물량을 산출하라.

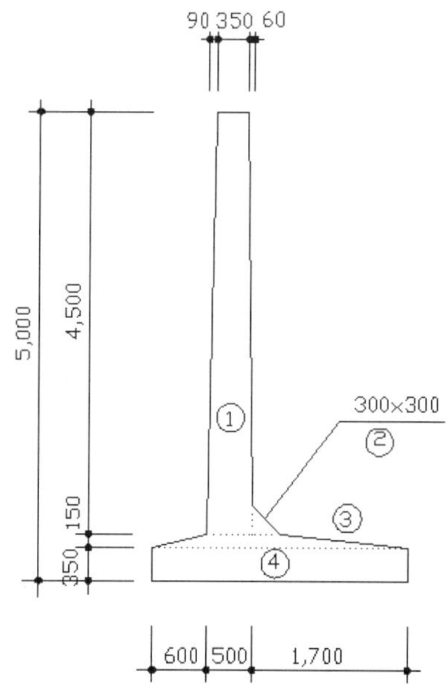

풀 이

(1m 당)

공 종	산 출 근 거	계
콘크리트	① (0.35 + 0.50) × $\frac{1}{2}$ × 4.50 = 1.913 ② 0.30 × 0.3 × $\frac{1}{2}$ = 0.045 ③ (0.80 + 2.80) × $\frac{1}{2}$ × 0.15 = 0.270 ④ 2.80 × 0.35 = 0.980	
	3.208 m^2 V = 3.208 × 1.00 = 3.208	3.208 m^3
거푸집	① 4.50 +4.20 = 8.700 ② $\sqrt{0.3^2+0.3^2}$ = 0.424 ④ 0.35 × 2 = 0.700	
	9.824 m A = 9.824 ×1.00 = 9.824	9.824 m^2
토공	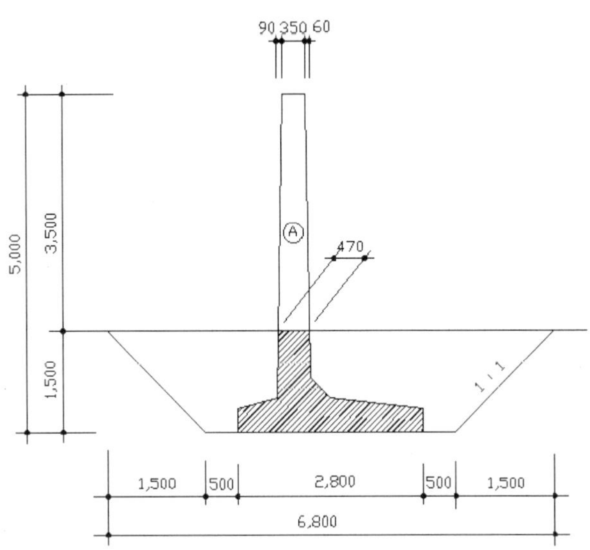	

공 종	산 출 근 거	계
(1) 터파기	$(6.80 + 3.80) \times \frac{1}{2} \times 1.50 \times 1.00 = 7.95$	7.95 m^3
(2) 유용토	$(0.35 + 0.47) \times \frac{1}{2} \times 3.50 \times 1.00 = 1.44$ 콘크리트 물량 - A = 3.21 - 1.44 = 2.77	2.77 m^3
(3) 되메우기	터파기 - 유용토 = 7.95 -2.77 = 5.17	5.17 m^3

예제 7.2

다음의 통로암거 설계도를 보고 길이 1m당 콘크리트, 거푸집, 토공물량을 산출하라.

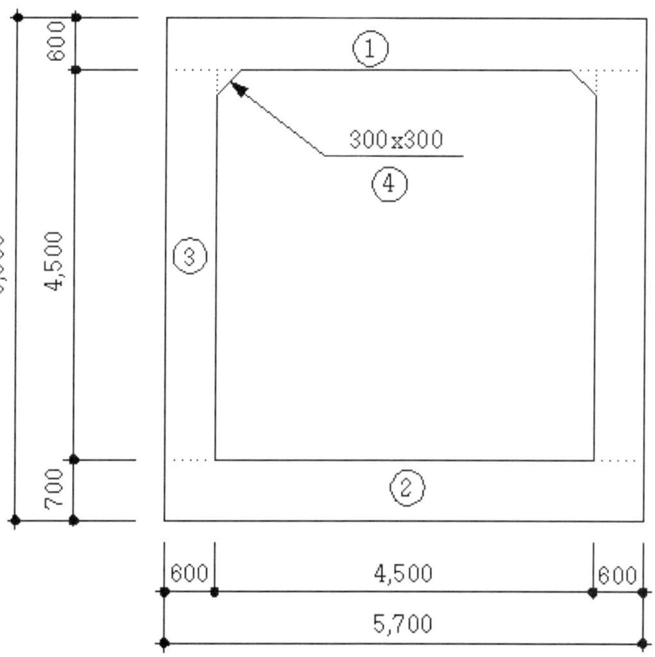

풀 이

(1m 당)

공 종	산 출 근 거	계
콘크리트	① 5.70 × 0.60 = 3.420 ② 5.70 × 0.70 = 3.990 ③ 4.50 × 0.60 × 2 = 5.400 ④ 0.30 × 0.30 × $\frac{1}{2}$ × 2 = 0.090	
	12.900 m^2 V = 12.900 × 1.00 = 12.900	12.900m^3
거푸집	① 0.60 × 2 + 3.90 = 5.10 ② 0.70 × 2 = 1.40 ③ (4.50 + 4.20) × 2 = 17.40 ④ $\sqrt{0.30^2+0.30^2}$ × 2 = 0.85	
	24.75 m A = 24.75 × 1.00 = 24.75	24.75 m^2
토공	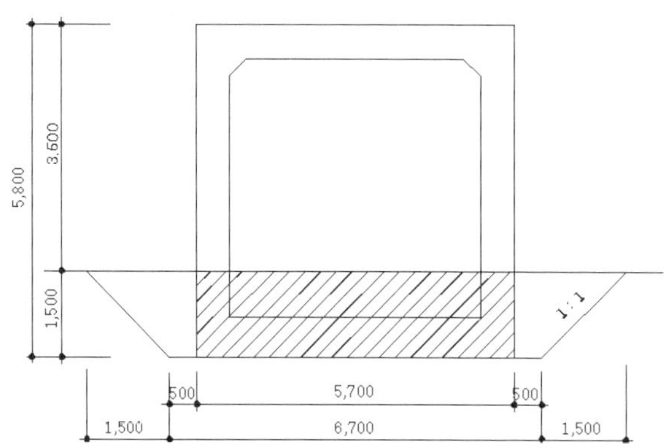	
(1)터파기	(6.70 + 9.70) × $\frac{1}{2}$ × 1.50 × 1.00 = 12.30	12.30 m^3
(2)유용토	6.70 × 1.50 × 1.00 = 10.05	10.05 m^3
(3)되메우기	터파기 − 유용토 = 12.30 − 10.05 = 2.25	2.25 m^3

연습문제

- 강의실에 있는 비품(전기전자제품 제외)에 사용된 재료의 물량을 산출하고 시가에 따라 그 가격을 산출하라.

친환경 설계 8

8.1 친환경 설계란?

토목 시설이나 구조물은 지상이나 지하 그리고 수중에 건설되므로 필연적으로 원래의 자연 조건을 변화시키게 마련이다. 우리가 살고 있는 자연 조건은 있는 그대로 보존하는 것이 최선이지만 사회발전과 복지증진을 위하여 꼭 필요한 개발과 구조물 건설을 할 때에는 환경에 미치는 영향이 크지 않은 최선의 방안을 찾아야한다. 주변의 환경에 부정적인 영향을 크게 주지 않는 범위의 개발을 지속가능한 개발이라 하고 이러한 개발을 위해서 필요한 것이 친환경 설계이다. 따라서 정해진 규모 이상의 대규모 개발 사업이나 구조물 축조는 사전에 법으로 정해진 환경영향평가를 실시하여 타당성을 평가 받아야 한다.

(1) **환경영향평가**는 그 사업 시행으로 “중대한” 환경영향이 발생하는 사업을 대상으로 한다. 환경에 미치는 영향이 일시적이고 경미할 경우에는 환경영향평가 대상이 아니며 환경에 미치는 영향이 지속적이고 심각하여 자연 회복력의 한계를 넘어설 경우에 이러한 충격을 제거하거나 완화하기 위한 대책을 강구하기 위해 환경영향평가가 필요하다.

(2) **환경**이란 어떤 객체를 둘러싸고 있는 모든 요소들의 총체라고 정의할 수 있으며 그 범위는 영향이 미치는 한계 안으로 제한한다.

(3) **영향**이란 사업이나 행위가 원인이 되어 주위 환경이 정상적인 상태에서 벗어나게 되는 효과를 말한다. 이러한 효과를 일반적으로 "환경오염", "환경훼손", "환경파괴", "환경변화"로 표현한다. 공기, 물, 해양, 토양 등에 대한 영향을 "오염"이라고 하고, 소음, 진동, 악취, 일조장애, 전파장애 등에 대해서는 "발생"이라고 하며, 기상, 지형 · 지질, 수리 · 수문 등에 대해서는 "변화"라는 말을 사용한다. 동 · 식물상이나 자연경관 등에 대한 영향을 "훼손" 또는 "파괴"라고 한다.

8.2 건설공사에서 발생하는 환경 문제

토목시설이나 구조물 건설이 가져오는 환경 문제는 매우 광범위하고 다양하다. 이를 중요한 몇 가지 범주로 분류하면 다음과 같다.

8.2.1 변 화

(1) 지형과 지질 변화

도로, 철도, 도시 개발, 주택 및 산업 단지 조성, 댐, 하천 정비, 항만 건설 등 모든 토목 시설은 지형을 변화시킨다. 지형의 변화와 아울러 지반을 이루는 암석과 지반의 침하, 융기, 풍화 등에 따라 지질조건의 변화를 초래한다.

(2) 기상 변화

지형지물의 변화는 대기와 물의 흐름을 변화시켜 강우, 안개, 기온, 수온 등의 변화를 초래한다. 댐 건설로 안개 발생 빈도가 증가하거나 기온의 변화를 초래한 사례가 많다.

(3) 수리 수문 변화

지형, 지질, 기상의 변화는 하천의 흐름, 조류의 흐름, 지하수위를 변화시킨다.

(4) 생태 환경의 변화

지형의 변화와 구조물 건설에 따른 숲, 초지, 하천, 습지, 동물 이동통로 등이 크게 변화하면 그 지역의 대기조건, 기후조건, 하천과 지하수의 흐름, 해수의 흐름, 수온과 수질과 같은 전반적인 생태 환경이 변하게 되어 동식물과 미생물의 생육환경 그리고 농축산과 수산업 환경이 변하게 된다.

(5) 자연 경관의 변화

지형과 지질, 기상과 수문 조건의 변화는 지역의 자연 경관의 변화를 초래한다.

(6) 사회 환경의 변화

새로운 시설이나 구조물은 인간의 일상생활 조건을 변화시킨다. 교통과 물류 조건의 변화, 자연경관과 생활 조건의 변화로 인간 생활에 미치는 여러 가지 사회환경이 변하게 된다.

8.2.2 오염과 공해 발생 요인

공사 중 또는 공사 후에 발생하는 오염 및 공해의 요인들은 다음과 같다.

① 소음
② 진동
③ 분진(먼지 발생)
④ 토양 오염
⑤ 대기 오염
⑥ 수질 오염
⑦ 폐기물 발생
⑧ 교통 장애
⑨ 일조 장애
⑩ 전파 장애

8.3 공사 관련 환경 기준과 규정

건설 사업과 관련된 오염과 공해에 대한 허용 기준은 법령으로 규정된다. 환경과 관련된 각종 기준과 규정들의 예를 들면 다음과 같다.

(1) 소 음

① 생활소음 규제기준(소음진동규제법시행규칙 제29조의2 제3항 관련 별표7의2)

[단위: dB(A)]

<table>
<tr><th rowspan="2">대상지역</th><th colspan="2">시간대별
대상소음</th><th>조석
05:00-08:00
18:00-22:00</th><th>주 간
08:00-18:00</th><th>심 야
05:00-08:00</th></tr>
<tr></tr>
<tr><td rowspan="4">주거지역, 녹지지역, 준도시지역중 취락지구 운동휴양지구, 자연환경보전지역 안에 소재한 학교, 병원, 공공도서관</td><td rowspan="2">확성기</td><td>옥외설치</td><td>70이하</td><td>80이하</td><td>60이하</td></tr>
<tr><td>옥내에서 옥외로 소음이 나오는 경우</td><td>50이하</td><td>55이하</td><td>45이하</td></tr>
<tr><td colspan="2">공장, 사업장</td><td>50이하</td><td>55이하</td><td>45이하</td></tr>
<tr><td colspan="2">공사장</td><td>65이하</td><td>70이하</td><td>55이하</td></tr>
</table>

비고: 공사장 소음의 규제기준은 주간의 경우 소음발생시간이 1일 2시간 미만일 때는 +10dB를 보정한 값으로 함

② 교통소음의 한도(소음진동규제법 시행규칙 제37조 관련발표 10)

[단위: dB(A), dB(V)]

대 상 지 역	구 분	한 도 주 간 08:00~22:00	한 도 심 야 22:00~06:00
주거지역, 녹지지역, 준도시지역 중 취락지구 운동휴양지구, 자연환경보전지역, 학교, 병원, 공공도서관의 부지경계선으로부터 50m이내 지역	소음	65	55
상업지역, 공업지역, 농림지역, 준농림지역 준도시지역 중 취락지구와 운동휴양지구 외의 지역, 미고시 지역	소음	70	60

주) 대상지역의 구분은 국토관리이용 관리법에 의하며, 도시지역은 도시계획법에 의함

(2) 진동 및 발파

① 충격진동에 대한 인체의 피해 판정기준(안) -중앙환경분쟁조정위원회, 1998

장 소	시 간	만족기준A		피해인정기준B		기준 C	
		진동수준 dB(V)	진동속도 mm/sec	진동수준 dB(V)	진동속도 mm/sec	진동수준 dB(V)	진동속도 mm/sec
거주지	낮	83	4	88	7	91	10
사무실	낮	90	9	95	16	98	22
공 장	낮	93	12	98	22	101	32

② 구조물 손상기준 발파진동 허용치 -건설교통부 터널표준시방서, 1999

구 분	문화재 등	재래가옥 저층 일반가옥 등	저층 양옥, 연립주택 등	중,저층 아파트 중소상가 및 공장 ·	내진구조물 (고층아파트,대형건물)
허용치 (cm/sec)	0.3	1.0	2.0	3.0	5.0

(3) 수 질

※ 생물화학적산소요구량, 화학적산소요구량, 부유물질량

대상규모 / 항목 / 지역구분	1일 폐수배출량 2,000㎥ 이상			1일 폐수배출량 2,000㎥		
	생물화학적산소요구량 (mg/L)	화학적산소요구량 (mg/L)	부유물질량 (mg/L)	생물화학적산소요구량(mg/L)	화학적산소요구량 (mg/L)	부유물질량 (mg/L)
청정지역	30이하	40이하	30이하	40이하	50이하	40이하
가지역	60이하	70이하	60이하	80이하	90이하	80이하
나지역	80이하	90이하	80이하	120이하	130이하	120이하
특례지역	30이하	40이하	30이하	30이하	40이하	30이하

비고 : 1. 하수처리구역에서 「하수도법」 제24조의2에 따라 공공하수도관리청의 허가를 받아 폐수를 공공하수도에 유입시키지 아니하고 공공수역으로 배출하는 배출시설 및 「하수도법」 제24조제1항의 규정을 위반하여 배수설비를 설치하지 아니하고 폐수를 공공수역으로 배출하는 사업장에 대한 배출허용기준은 하수종말처리시설의 방류수 수질기준을 적용한다.

2. 「국토의 계획 및 이용에 관한 법률」 제6조제2호에 따른 관리지역에서의 동법시행령 별표 20 제2호 카목 및 별표 27 제2호 차목 (별표 20 제2호 카목에 따른 공장에 한 한다)에 따른 공장에 대한 배출허용기준은 특례지역의 기준을 적용한다.

(4) 토 양

● 토양오염우려기준

(단위 : mg/kg)

물 질	가 지역	나 지역
카드뮴	1.5	12
구리	50	200
비소	6	20
수은 납	4	16
6가크롬	100	400
아연	4	12
니켈	300	800
불소	40	160
유기인화합물	400	800
폴리클로리네이티드비페닐	10	30
시안	–	12
페놀	2	120
유류(동.식물성 제외)	4	20
–벤젠.톨루엔.에틸벤젠.크실렌(BTEX)	–	80
–석유계총탄화수소(TPH)	600	2,000
–트리클로로에틸렌(TCE)	8	40
–테트라클로로에틸렌(PCE)	4	24

(비 고)

1. 가지역: 「지적법」에 의한 지목이 전, 답. 대. 과수원. 목장용지. 임야. 학교용지. 하천. 수도용지. 공원. 체육용지(수목.잔디 식생지에 한한다) 유원지. 종교용지 및 사적지인 지역
2. 나지역: 「지적법」에 의한 지목이 공장용지.도로.철도용지 및 잡종지인 지역
3. 다음 각목의 1에 해당하는 경우에는 지목 구분에 관계없이 나지역의 토양오염우려기준을 적 한다.
   가. 특정토양오염관리대상시설이 설치된 경우
   나. 가지역에서 폴리클로리네이티드비페닐 또는 [벤젠.톨루엔.에틸벤젠.크실렌(BTEX)항목에 한한다]에 의한 토양오염사고가 발생한 경우
   다. 가지역을 제외한 지역에서 토양오염사고가 발생한 경우

(5) 대 기

● 배출허용기준

오염물질	배출시설	배출허용기준
암모니아 (ppm)	(1)화확비료 제조시설	50이하
	(2) 안료 및 염료제조시설	70이하
	(3) 생활폐기물 고형연료제품(RPF)전용시설	30(12)이하
	(4)그밖의 배출시설	100이하
일산화탄소 (ppm)	(1) 소각시설 또는 소각보일러 (가) 소각용량2톤(감염성폐기물 처리시설은 200kG)/시간 이상인시설 (나) 소각용량 200kg/시간 이상 2톤/시간미만인 시설 (다) 소각용량 200kg/시간 미만인 시설	50(12)이하 200(12)이하 300(12)이하
	(2) 생활폐기물 고형연료제품(REF) 또는 폐플라스틱 고형연료제품(REF)전용시설 (가) 고형연료제품 사용량이 2톤/시간이상인 시설 (나) 고형연료제품 사용량이 200kg/시간이상2톤/시간 미만인 시설	50(12)이하 200(12)이하
	(3) 석유정제및 석유화학제품제조시설 중 중질유분해시설의 일산화탄소 소각보일러	500(12)이하
염화수소 (ppm)	(1) 염산제조시설	6이하
	(2) 인산제조시설	2이하
	(3) 화학비료제조시설	10이하
	(4) 금속표면처리시설중 산처리시설	5이하
	(5) 소각시설 또는 소각보일러 (가) 소각용량 2톤(감염성폐기물 처리시설은200kg)/시간 이상인 시설 (나) 소각용량 200kg/시간 이상 2톤/시간 미만인 시설 (다) 소각용량 200kg/시간 미만인 시설	30(12)이하 40(12)이하 50(12)이하
	(6) 유리및 유리제품제조시설중 용융및 용해시설	2이하
	(7) 폐염산재생시설	15이하
	(8) 시멘트.석회. 플라스터 및 그 제품 제조시설, 기타 비금속 광물제품 제조시설 중 소성시설(예열시설을 포함한다), 용융. 융해시설, 건조시설	15(13이하)

비고: 적용기간 및 배출허용기준란의 ( )는 표준산소농도(백분율)를 말한다.

(6) 경 관

① 지역의 고유한 자연. 역사 및 문화를 드러내고 지역주민들의 생활 및 경제활동과의 긴밀한 관계 속에서 지역주민의 합의를 통하여 양호한 경관이 유지될 수 있도록 관리해야함

② 개발과 관련된 행위는 경관과 조화. 균형을 이루어야함

③ 우수한 경관을 보전하고 훼손된 경관을 개선. 복원함과 동시에 새롭게 형성되는 경관은 개성 있는 요소를 가지도록 유도해야함

④ 각 지역의 경관이 고유한 특성과 다양성을 가질 수 있도록 자율적인 경관행정 운영방식을 권장하고, 지역주민이 이에 주체적으로 참여할 수 있도록 해야함

⑤ 국민이 아름답고 쾌적한 경관을 향유할 수 있도록 해야함

(7) 일조권

전용주거지역 또는 일반주거지역 안에서 구조물을 축조하는 경우에는 구조물의 각 부분을 인접대지 경계선으로부터 정북방향으로 아래의 거리 이상을 띄어야 한다. 다만, 전용주거지역 또는 일반주거지역 안에서 건축물을 건축하는 경우로서 건축물의 미관향상을 위하여 너비 20m 이상의 도로에서 도로에 접한 대지 상호간에 건축하는 건축물의 경우에는 예외로 한다.

① 높이 4미터이하인 부분: 인접대지경계선으로부터 1미터이상

② 높이 8미터이하인 부분: 인접대지경계선으로부터 2미터이상

③ 높이 8미터를 초과하는 부분: 인접대지경계선으로부터 당해건축물의 각 부분의 높이의 2분의 1이상

8.4 저공해 친환경 공법

공사중에 발생하는 여러 가지 공해를 방지하려면 공해 발생을 최소화하는 친환경 공법을 채택하여 설계해야 한다.

- 저소음 및 소음 차단 공법
- 저진동 및 진동 차단 공법
- 수질 오염 방지 공법
- 토양 오염 방지 공법
- 분진 방지 공법
- 기타

8.5 환경영향 평가법

(1) 환경영향평가 대상사업 선별(screening)

환경영향평가의 첫 단계로, 환경영향평가(EIA)의 대상이 되는 "중대한" 환경영향이 발생할 가능성을 확인하는 과정으로서, 사업이 원인이 되어 발생 가능한 영향 분석이 필요하다.

(2) 환경영향평가 범위검토(scoping)

환경영향평가 범위 검토란 환경영향평가에서 다루어야 할 필요가 있는 주요환경문제와 환경영향을 결정하는 과정으로서, 환경영향평가에서 꼭 다루어야 할 중요한 문제와 다루지 않아도 될 경미한 사항을 추려내어 환경영향평가범위검토서를 작성한다. 그 내용은 환경영향평가에 포함되어야할 중대한 환경영향 및 환경문제, 환경영향평가 실시의 적정 기간과 지역범위, 의사결정을 위해 필요한 자료와 정보, 세부적인 분석이 필요한 중대한 환경영향과 환경요소, 대안 검토, 공중참여도 등이다.

(3) 환경영향 확인

환경영향 확인이란 사업시행으로 발생할 "중대한 환경영향"이 부주의로 환경영향평가에서 빠지지 않도록 필요한 정보와 자료를 최대한 수집하여 이를 바탕으로 환경영향을 세부적으로 조사, 분석하여 확인하는 과정이다.

(4) 환경현황 조사

환경현황조사란 사업 시행 이전 상태의 환경조건에 대한 자료와 정보를 수집하는 것으로 "기초환경조사", "배경환경조사", "기존환경조사" 등으로 부르기도 한다.

(5) 관련 법령, 정책, 지침 조사

환경영향평가에서 공식적으로 제정 또는 결정된 관련 법령, 규정, 지침, 기준, 정책, 계획 등의 내용은 결정적인 중요성을 가진다. 예를 들어, 국토이용관리법은 토지 이용을 규제하며, 문화재관리법은 보호해야할 문화재와 천연기념물을 규정하고 있다. 법령에 정해진 기준은 환경영향의 "중대성" 평가의 최우선 기준으로 적용되어야 하며, 어떤 경우에도 이 기준을 초과하지 않아야 한다. 법령뿐만 아니라, 정부기관이 확정한 정책이나 계획도 법령과 거의 같은 효과를 가진다.

(6) 환경영향 예측

환경영향을 예측한다는 것은 사업 시행으로 발생이 예상되는 환경영향을 과학적 이론, 실험, 통계, 사례연구를 통하여 정량적 또는 정성적으로 추정하는 것을 말한다.

(7) 환경영향 평가

환경영향 평가란 환경영향의 "중대성"에 대한 판단을 말한다. 영향의 중대성은 환경영향평가 대상사업선별 과정과 환경영향평가범위검토 과정에서뿐만 아니라, 환경영향

평가 전 과정에 걸쳐 반복적인 검토를 거친다. 환경영향평가 과정이 진행되면서 더 많은 자료가 수집되어 분석될수록 중대성의 판단이 정확해진다.

(8) 공중참여

공중참여란 "공중에게 환경영향평가의 현재 상태와 진행 상황 및 사업, 계획, 프로그램, 정책 수립과 평가 행위의 의미를 충분히 알려주고, 모든 관심 있는 시민들로부터 사업에 대한 의사결정과 관련된 그들의 의견과 사업의 목적 및 필요성에 대한 그들의 인식, 그리고 그들이 선호하는 자원 사용방법, 대안과 관리전략, 기타 정보나 도움이 될 만한 것을 적극적으로 이끌어내는 것"이라고 정의한다. 공중참여의 범위는 상황에 따라 차이가 있으나 환경영향평가의 전 과정에 걸쳐 광범위하게 이루어지는 것이 바람직하다. 사업시행자는 지역사회의 주민이 유해물질이나 해로운 행위 등 공공기관이 알고 있는 환경관련 정보를 접할 수 있도록 해야 하고, 의사결정과정에 참여할 수 있는 기회도 가질 수 있도록 하여 공중의 인식과 참여를 촉진하고 격려하여 환경영향평가 과정의 공개성, 투명성, 일관성 및 신뢰성을 높여 성공적인 환경영향평가를 가능하게 해야 한다.

발표와 토의

- 4~5명으로 조를 이루어 조별로 다음의 주제 중 하나씩을 선택하여 조사하고 그 결과를 발표한 후에 토의를 한다..

주제 1: 건설공사가 환경에 미칠 수 있는 영향과 친환경설계의 중요성
주제 2: 건설공사에 의한 환경폐해의 대표적 사례와 그 폐해 실태
주제 3: 개발은 항상 환경의 적인가?

설계도서 9

9.1 설계도서에 포함될 사항

설계도서는 공사계획, 구조해석, 공정계획, 공사비, 공사 지침 등 공사수행에 대한 모든 사항을 포함하는 문서와 도면으로 이루어진다. 설계도서에 포함되어야하는 사항은 다음과 같다.

(1) 기본설계 보고서
(2) 실시설계보고서
(3) 구조 및 기타 계산서
(4) 공정계획서
(5) 설계도면
(6) 지형지적도 및 조서
(7) 공사시방서
(8) 설계예산서

9.2 기본설계 보고서 작성

기본설계보고서는 기본설계요약보고서와 기본설계보고서로 구분하여 작성하며 일반적 내용은 다음과 같다.

(1) 기본설계 요약보고서

(가) 기본설계 개념
(나) 공사수행 기본방향 및 원칙
(다) 기본설계 보고서 내용 요약

(2) 기본설계 보고서

기본설계 보고서에는 최적설계안 채택을 위한 비교분석 및 선정 사유와 각종 계산근거를 명시한다.

(가) 공사개요 : 목적, 위치, 규모, 사업비 등
(나) 현황 및 관련계획
- 관련계획 현황(관련계획 종합도면)
- 교통현황

(다) 계획 및 방침
- 설계 기준 및 조건
- 교통 분석 및 계획 내용
- 도로, 터널, 교량의 평면 및 종·횡단계획, 노선계획
- 구조물계획 및 수리계획
- 기본설계(선형, 토공, 교량공, 포장공, 출입시설, 부대시설 등)
- 교량구조형식 및 가설공법
- 교량기초공법 및 주요구조 계획
- 교면 방수 및 포장 계획

- 터널계획(환기, 부대시설 포함)
- 수문 및 배수 계획
- 조명, 방재, 정보통신, 설비 등 필요시 부대시설 계획
- 도로, 터널, 교량, 주변조경 계획, 전기설비 계획

(라) 주요 시공계획

- 시공계획(특수장비 및 특수공법 채택 시 주요 시방을 시방서에 제시할 것)
- 도로 및 터널, 교량건설이 주변의 환경 및 시설에 미치는 영향과 대책
- 공사 중 오염 및 공해 방지대책
- 지장물 이설 및 보호 방안
- 품질관리 계획
- 안전시설물 계획
- 공사장 관리계획(공사장 내 조명 및 방음, 방진 대책포함) 등
- 계측계획 및 계측자료 분석 활용 방안
- 계측기준 설정

(마) 개략 공정사항 및 기타 필요한 사항

(바) 사전 조사사항 및 기타 필요한 사항

- 지질조사, 지장물조사 자료
- 신기술 도입 계획
- 기타 필요한 사항 및 입찰안내서에서 요구한 사항

9.3 실시설계 보고서 작성

실시설계보고서는 다음사항을 포함하여 작성하여야 한다.

(가) 공사 개요: 공사의 목적, 범위, 내용, 기간, 공사구간, 과업수행지침, 공사비 등

(나) 조사: 측량지형 및 지질, 토질조사, 재료원 조사, 수문조사, 배수시설 및 구조물 조사, 용지 및 지장물조사, 관련계획검토

(다) 설계 기준: 개요, 설계속도, 폭원구성, 기하구조기준, 설계하중 및 건축한계, 주요재료 사용기준, 기타사항

(라) 실시설계(도로설계의 예)

- 설계기준
- 노선 선정
- 평면 및 종단선형설계(선형계산서는 낙찰 후에 보고서에 첨부)
- 토공설계
- 배수시설 및 통로암거
- 교량설계
- 터널설계(환기 및 부대시설 포함)
- 포장설계
- 부대시설 설계
- 조경설계
- 전기, 기계 및 건축설비(필요시)
- 교통분석 및 경제성 분석, 교통처리계획
- 도시계획 관련내용
- 통신관련설계(필요시)
- 연약지반계획, 설계 및 계측내용
- 환경영향평가

(마) 공사내용

- 세부시공계획(용수처리대책, 품질관리대책 등)
- 공사수행 조직 및 인력투입 계획
- 자재 및 장비사용 계획
- 세부공정 계획
- 공사비 산출
- 사전조사사항 및 기타 필요한 사항

9.4 구조계산서와 기타계산서 작성

(1) 일반사항

(가) 본 구조물 및 가시설에 대한 세부 구조계산서를 작성하여야 한다.

(나) 구조계산서는 적용기준 및 산식, 재료강도, 부호에 대한 설명과 함께 관련시방, 설계기준 및 참고문헌이 명시되어야 한다.

(다) 구조계산서는 상세한 목차를 작성하고 서두에 해결결과에 대한 총괄적인 요약 및 설계자의 의견 요약이 명기되어야 하며 수식 사이에 간단한 설명을 삽입하여 문맥이 이어지도록 하여야 한다.

(라) 전산구조해석에서는 사용 전산프로그램명, 개요 및 해석흐름도, 입출력자료의 종류 및 특성 등을 명시하고 사용프로그램은 엄밀해석이 가능한 예제를 선정하여 엄밀해석결과와 전산해석결과를 비교하여 정밀도를 입증할 수 있도록 검증한다.

(마) 필요한 경우에는 구조계산에 사용된 중요이론에 대한 설명이 첨부되어야 한다.

(바) 구조 모델링, 구조경계 지지조건의 모형, 하중모형 및 재하방법, 구조요소의 설계개념과 사용 식, 설계흐름도 등을 제시하여야 한다.

(사) 구조세목 및 설계에 반드시 고려해야 할 응력 또는 부재강도, 변위, 균열, 전단, 부착, 이음길이 등의 항목이 제시되어야 한다.

(아) 시공 단계별 구조검토가 포함되어야 한다.

(자) 이음부 상세와 교좌장치 및 신축장치에 대한 상세한 검토내용이 포함되어야 한다.

(차) 점검통로 등 유지관리시설에 대한 구조검토가 포함되어야 한다.

(카) 용접연결부, 용접선의 배치, 용접형상, 표면가공 등 용접설계에 대한 검토내용이 포함되어야 한다.

(2) 교량 및 주요 구조물 구조계산서 내용

(가) 구조형태 및 개요

(나) 설계기준

(다) 설계절차 및 방법

(라) 지반 지지력 산정 및 기초계산서

(마) 해석모델

(바) 설계하중 및 재료특성

(사) 구조해석 및 해석결과

(아) 부재설계 및 응력검토

(자) 배근도 및 부대 배치도

(차) 각 부분의 구조계획(신축이음 등)

(3) 수리계산서 내용

(가) 노선 주변 배수처리 수리계산

(나) 노면 배수처리 수리계산

(다) 하천의 홍수위 및 배수위 계산

9.5 공정계획서 작성

(가) 공정계획서는 다음사항을 포함하여야 한다.

- 공종별 공정계획
- 네트워크 공정도

(나) 공정계획서는 공정관리계획서작성지침"에 따라 작성하되, 공사금액을 기입하여서는 안 된다.

(다) 공정계획서에는 타 분야 사업과 일정상 연관관계를 명확히 표시하여 본 공사 외에 인접공구 및 타 분야 공사에 지장을 주지 않도록 하여야 하며, 사업시행을 위한 각종 행정처리 일정이 포함되어야 한다.

(라) 공정계획서에는 공정관리조직 구성 및 운영계획이 포함되어야 한다.

9.6 설계도면 작성

① 설계에 사용되는 도면 및 계산용지의 규격은 특별한 경우가 아니면 아래의 규격 중에서 선정하여 사용한다. 다만, 필요에 따라 장변방향으로 연장할 수 있으나 설계요약 보고서 및 설계보고서 등 제한쪽수가 있는 설계도서는 인쇄내용이 있는 모든 면을 A4규격으로 환산하였을 때, 제한쪽수 이내로 작성하여야 한다.

구 분	규 격 (종×횡, ㎜)
A0	841 × 1,189
B1	728 × 1,030
A1	594 × 841
A2	420 × 594
A3	297 × 420
A4	210 × 297
A5	148 × 210

② 도면을 묶을 때는 분야별 및 종류별 심사가 용이하도록 도면을 편철하여야 하며, 또한 도면의 좌측을 묶는 것을 원칙으로 하되 묶는 도면은 묶는 폭에 25㎜이상의 공백을 두도록 한다.

③ 도면 평면 및 종단면도 작성 시 시점은 좌측에 종점은 우측에 오도록 한다.

④ 횡단면도는 시점에서 종점을 향하여 볼 수 있도록 단면을 작성한다.

⑤ 구조물의 설계도면에는 구조물 설계에 적용한 재료의 강도 및 허용 응력도, 조골재의 최대치수, 단면력도, 사용재료의 재질 및 시공 주의사항 등을 표시한다.

⑦ 설계도면에는 노트 란을 두어 특기사항을 기재할 수 있다.

⑧ 낙찰 후 제출하는 설계도면, 설계내역서, 보고서, 계산서 및 관련 자료는 책임기술자 서명란을 두고 책임기술자가 서명하고 참여기술자의 명단을 제출하여야 한다.

(가) 기본설계도면

기본설계도면은 최소한 다음 내용을 포함 작성하여야 한다.

분야	제 목	축척(참고사항임)	비고
토목	ㅇ 표지		
	ㅇ 위치도		
	ㅇ 목차		
	ㅇ 계획 종평면도	V = 1 : 200, H = 1 : 1,200	
	ㅇ 도로표준횡단면도	1 : 100	
	ㅇ 교량종평면도	V = 1 : 200, H = 1 : 1,200	
	ㅇ 교량상부 구조 일반도	1 : 100	
	ㅇ 첨가물 설치 계획도	1 : 100	
	ㅇ 교대, 교각일반도	1 : 100	
	ㅇ 기초일반도	1 : 100	
	ㅇ 수로 구조물 일반도	1 : 100	
	ㅇ 배수 및 방수 계획도		
	ㅇ 작업순서도		
	ㅇ 계측계획도		
	ㅇ 작업순서도		
	ㅇ 계측계획도		
	ㅇ 기타계획도		
	ㅇ 터널 종평면도		
	ㅇ 지보 시스템 구분도		
	ㅇ 터널 표준단면도		
	ㅇ TYPE별 굴착 시공도		
	ㅇ TYPE별 발파 패턴		
	ㅇ 배수 및 방수 상세도		
	ㅇ 작업순서도		
	ㅇ 계측 상세도		
	ㅇ 기타 상세도면		
기타	ㅇ 전기설비		
	ㅇ 관리사무실 건축설비		
	ㅇ 기계설비		
	ㅇ 조경설계도		
	ㅇ 지장물도		

(나) 실시설계도면

- 실시설계도면은 시공 및 완료 후 유지관리에 필요한 제반사항을 포함하여야 한다.
- 설계도면에는 타 분야 관련공사와의 공사한계가 명확히 구분되어야 한다.
- 설계도면에는 구조물의 재료규격, 설계 및 소요강도, 기타 재료에 관한 사항이 표기되어야 하며 각종 시설물의 규격, 용량, 재질 및 시공순서 등이 표기되어야 한다.
- 실시설계도면은 최소한 다음 내용을 포함하여야 하며 순서에 따라 수록되어야 한다.

분야	제 목	축 척	비 고
토 목	ㅇ 표지		ㅇ 제시된 축척은 A1 규격이상의 도면작성시 적용하며 A3규격의 도면 작성은 제시된 축척의 1/2로 한다.
	ㅇ 위치도		
	ㅇ 목차		
	ㅇ 설계기준		
	ㅇ 계획 종평면도	V=1:200 H=1:1,200	
	ㅇ 도로표준횡단면도	H=1:100	
	ㅇ 편구배 설치도	1 : 1,200	
	ㅇ 횡단면도	1 : 200	
	ㅇ 배수구조물 횡단면도	1 : 200	
	ㅇ 포장계획도	1 : 200 1 : 1,200	
	ㅇ 교량종평면도	1 : 1,200	
	ㅇ 교량상부구조 일반도 및 배근도	1 : 100, 1 : 50	
	ㅇ 교대 일반도 및 배근도	1 : 100, 1 : 50	
	ㅇ 교각 일반도 및 배근도	1 : 100, 1 : 50	
	ㅇ 기초 일반도 및 배근도	1 : 100, 1 : 50	
	ㅇ 첨가물 설치 계획 상세도	1 : 100, 1 : 50	
	ㅇ SHOE 배치 및 좌표도	1 : 100, 1 : 50	
	ㅇ SHOE 상세도		
	ㅇ 신축이음 장치 상세도		
	ㅇ 작업순서도		
	ㅇ 배수시설도		
	ㅇ 철근상세도		
	ㅇ 수로 일반도 및 상세도		
	ㅇ 옹벽 일반도 및 상세도		

분야	제 목	축 척	비 고
	○ SETTING OUT PLAN		
	○ 부대시설도		
	○ 용지도	1 : 1,200	
	○ 지형지적도	1 : 1,200	
	○ 연약지반 설계 및 시공도면	1 : 1,200	
	○ 터널 종평면도		
	○ 지보 시스템 구분도		
	○ 터널 표준단면도		
	○ TYPE별 굴착 시공도		
	○ TYPE별 발파 패턴		
	○ 철근상세도		
	○ 배수 및 방수 상세도		
토 목	○ 작업순서도		
	○ 강지보 및 슬라이딩폼 상세도		
	○ 계측상세도		
	○ 기타 상세도면		
	○ 수목총괄표	1 : 1,200	
	○ 조경계획 평면도	1 : 600	
	○ 시설물 배치도		
	○ 시설물 상세도		
	○ 버팀목유형 상세도		
	○ 공사중 교통처리 계획도 (공사용 가도, 진입로 포함)		
	○ 유토곡선도		
	○ 기타 상세도면		
전 기	○ 도면목록표		
	○ 조명시설설치 평면도 및 상세도		
광통신관로	○ 도면목록표		필요시
	○ 위치도		
	○ 설계기준		
	○ 광통신관로 종편면도		
	○ 각종 시설물 상세도		
건 축	○ 도면목록표		필요시
	○ 평면계획도		

분야	제 목	축 척	비 고
	○ 건축물 일반도 및 상세도 ○ 배관설비 일반도 몇몇 상세도 ○ 기타 상세도		
조 경	○ 도면목록표 ○ 위치도 ○ 수목총괄표 ○ 조경계획 평면도 ○ 시설물 배치도 ○ 시설물 상세도 ○ 버팀목 유형 상세도	 1 : 50,000 1 : 1,200 1 : 600	

· 위의 실시설계도면 목록 이외에도 필요 도면은 설계자가 추가하여야 한다.

9.7 지형지적도와 조서 작성

(1) 도면 및 현황조서 작성

(가) 용지도 작성

지적기사 자격 소지자가 용지도 작성, 확인 날인하여야 하며, 용지도상에 도로부지 경계선(right of way) 및 중심선을 표시하고 행정구역 지번, 지목, 축척 등을 기입한다.

(나) 지장물도 작성

중요지장물, [건물(가옥포함), 분묘, 수목, 전주(철탑포함), 지하매설물 등]을 용지도 상에 표시한다.

(다) 지장물조서 성과품 납품시 현황을 CD로 작성하여 제출한다.

(라) 용지 및 지장물 현황 조서 작성

용지 및 지장물 현황 조서 작성은 다음 사항에 따라 작성되어야 한다.

1) 용지현황 조서

- 지적도에 따라 지번을 추출하여 토지대장, 등기부 등본을 확인, 대조하여 소재지, 지번, 지목, 지적, 편입면적, 소유자 주소, 성명 등을 지번별로 기입한다.
- 소유권 이외의 권리(저당권, 지상권, 지역권 등)가 설정되어 있거나 예고등기, 가등기 등이 되어 있는 경우 그 내용을 기입하고 공유물인 때에는 공유지분을 가입한다.
- 지적도상의 토지 중 등기가 되어 있지 않거나 토지대장에도 미등록된 토지는 소유자란에 별도 기재한다.
- 지적공부의 지목과 실제 이용지목이 다른 토지의 경우

① 실제이용 지목 현황을 별도 작성한다.
② 지적 분할을 수반하지 않는 현황 측량을 실시하여 실제이용 면적을 산정하고 실제이용 상황 도면을 작성한다.
③ 하천에 포락된 토지는 현황 측량을 실시하여 포락 면적을 산정기입한다.
④ 사유토지 개간지는 개간된 현황지목과 면적을 조사 기입하고, 개간일자와 개간허가의 유무 및 허가일자, 허가면적 등을 조사 기입한다.
⑤ 국유지 또는 지방자치단체 소유 또는 개간지는 점용허가 유무, 허가일자, 허가면적, 허가권자, 개간일자, 개간된 지목, 개간면적 등을 기입한다.
⑥ 별도 분할되어 있는 묘지에 대하여는 분묘 대장에 묘지에 대한 일반관행에 의거 묘지의 면적, 소유자 등을 기입한다.
⑦ 사도는 사실상의 사도, 새마을 사업으로 설치된 농로 등에 편입된 도로면적을 실측하여 기입한다.

2) 건물조서

- 사용자재에 따라 목조, 석조, 블록조, 벽돌조 철근 콘크리트조 등으로 구분한다.
- 지붕의 형태에 따라 와조, 스래트조, 루우핑조, 스라브조 등으로 구분한다.
- 부속건물은 사랑채, 대문, 창고, 헛간, 변소, 우사, 가축, 펌프 등으로 구분한다.
- 건물의 면적 산정은 건물 외벽의 중심선으로 둘러싸인 부분의 수평투영 면적으로 측정한다.
- 건물 공장은 평면도를 작성하고 건물의 구조 및 규격, 면적 산정의 근거, 거주자

및 세입자 현황, 조사 연월일, 조사자의 직, 성명 등을 기입 날인한 지장물 도면을 작성하고 소유자를 입회토록 한다.

- 건물은 리, 동 별로 일련번호를 붙여 사진을 촬영하고 필요한 사항을 기재한다.
- 공부열람

  ① 건물 등기부등본 및 건축물대장에 의거 소재지, 지번, 건물의 구조, 사용자재, 건평, 소유자의 주소, 성명 등을 확인 기재한다.

  ② 소우권 이외의 권리(저당권, 전세권 등)가 설정되어 있으나 예고등기, 가등기 등이 되어 있을 경우 그 내용을 기입하고 공유물인 때에는 공유지분을 기입한다.

- 건물 부지내의 공작물 및 입목

  ① 공작물은 종별로 구분 및 규격, 수량, 관리상태 등을 소유자별로 물건조서에 포함 작성한다.

  ② 담장(울타리)은 높이와 둘레의 길이를 조사하고 생목일 때에는 수고 및 연장 등을 조사하되 보상대상 입목인가를 확인 후 기록한다.

  ③ 사일로, 연초 건조장 등은 구조, 높이, 사용재료, 면적 등을 조사한다.

  ④ 장독대, 액비통, 기타 공작물은 깊이, 두께, 높이, 넓이 등을 조사하고 간이 상수도는 수원, 연장, 사용자재 등을 조사한다.

  ⑤ 양수장, 수차용수로, 보, 저수지, 관정, 집수암거, 교량, 공장내의 공작물은 구조 및 규격, 수량, 사용자재 등을 조사하여 실측평면도를 작성하고 사진을 촬영한다.

3) 수목조서

- 건물부지내의 입목은 지장물현황 조서에 포함 작성한다.
- 기타 입목은 수종, 수령 및 규격, 주수 및 식부면적, 관리상태, 벌기 등을 조사, 수목조서를 작성하고 지번별, 소유자별로 지장물 조서에 기록한다.
- 입목의 본수 산정은 셀 수 있는 것은 헤아리며, 셀 수 없거나 세기 곤란한 것은 단위 면적을 기준으로 한 표본 추출의 방법에 의하되 정상치의 본수를 초과하지 못한다.

- 파종, 발아 중에 있는 묘목은 파종 면적, 수종, 파종년월일 등을 조사 작성한다.
- 임야에 자연적으로 성장하고 있는 지목이나 경제가치가 적은 미성장된 자연생 입목이나 용재림이라도 성장되어 벌기에 이른 입목은 조서 작성에서 제외한다.

4) 분묘조서

- 분묘의 소재지, 유인, 무인, 단장, 합장 및 연고자의 주소, 성명을 작성한다.
- 리, 동 별로 일련번호를 붙여 번호표시판(30cm × 15cm, 합판)을 세우고 사진을 촬영한다.
- 비석, 상석, 향석, 망주석, 장군석, 동자석, 호석 기타 석물은 사용석재(시멘트, 오석, 청석, 대리석 등)과 규격(높이, 두께, 넓이)연고자 등을 조사 작성한다.
- 분묘 주변의 공작물(축대 등) 및 입목을 분묘조사에 포함 작성한다.
- 분묘조서 상의 분묘, 시설물 또는 석물, 입목 등은 지번별, 연고자 별로 지장물 조서에 기록한다.

5) 전기 및 통신시설 조서

도로건설공사에 지장을 초래하는 전주(한전주, 체신주, 군용, 기타)는 소재지, 지번, 위치, 전주번호 및 소관청을 명기하여 작성하고 용지도상에 표시한다.

- 전주 : 화력주, 통신주로 분류표기, 전주번호기입
- 맨홀 : 전기 및 통신맨홀로 분류기입

6) 축산조서

조사당시의 축사 및 부속시설, 가축의 종류, 성장상태, 수량 및 소유자의 주소, 성명을 작성한다.

7) 영업권 조서

- 영업을 업종, 상호, 허가(사업자등록)의 유무, 허가내용 및 영업시설, 규모 등을 조사 작성한다.
- 부가가치세의 과세 표준액 및 인건비 지급 조사 등을 조사 제출한다.

9.8 공사시방서 작성

(1) 시방내용의 문장은 간결하게 하고 불필요한 낱말이나 구절은 피한다.
(2) 긍정문으로 알기 쉽게 기술한다.
(3) 정확한 문법으로 기재한다.
(4) 예측적 기술을 피하고 직설적으로 기술한다.
(5) 이해하기 쉽고 혼동을 야기 시키지 않도록 구두점을 사용한다.
(6) 시방서의 내용은 정확하고 통일된 용어를 사용한다.
(7) 필요한 모든 사항은 기재하되 반복하지 않는다.
(8) 불가능한 사항은 기재하지 않는다.
(9) 공법과 결과를 모두 기재하지 않는다.
(10) 모순된 항목은 기재하지 않는다.
(11) 건설업자 및 공사감독관의 책임한계가 명확하게 작성한다.
(12) KS와 같은 표준규격의 참고사항을 기술할 때에는 먼저 규격내용을 숙지한 후 인용한다.
(13) 상투적인 표현을 반복 사용하거나 틀에 박힌 문구는 피한다.
(14) 공사시방서에서 사용되는 용어는 관련법규 또는 법률용어사전에 정의되었거나 법규내용중에 사용된 용어, 〈한국산업규격〉에서 정의된 용어, 각 전문분야별 〈기술용어사전〉에서 정의된 용어 등의 순으로 적용한다.
(15) 공사시방서의 문장은 주어와 목적어와 술어가 일치해야 한다.
(16) 목적어가 빠진 문구는 사용을 삼간다.
(17) 성능기준을 형용사나 부사로 마무리함을 지양한다.
(18) 문장은 가능한 간결하면서도 의사전달이 명확하게 되도록 서술형 또는 명령형으로 쓴다.
(19) 정확한 용어를 사용하고 누구나 쉽게 이해할 수 있도록 쉽고 평이한 문장이 되도록 한다.
(20) 두 가지 이상의 뜻으로 해석되지 아니하여야 한다.
(21) 전문용어는 각 시방서별로 부록으로 처리하여 인덱스의 형태로 제시한다.

(22) 전문용어는 한글 사용을 원칙으로 한다.

(23) 한문, 영어, 기타언어 표기가 필요한 경우에는 ( )를 사용하여 용어의 바로 옆에 표기한다.

(24) 시방서 작성에서 가능한 약어를 사용하지 않는 것을 원칙으로 하지만, 약어를 사용하여 작성하여야 할 경우에는 다음과 같은 방법에 의하여 약어를 작성하도록 한다.

(가) 기준(규준) 및 규격은 그 단체 및 기관 그리고 제조회사에서 제정해 놓은 것으로 한다.

(나) 약어는 다음과 같은 경우에 사용한다.

- KS 규격에 규정된 약어
- 건설업계에서 제정된 약어
- 사전 등에 수록되어 있는 약어

(다) 기술용어의 약어는 도면과 공정표에서 자주 반복되어 건설업계에 널리 인식되어 있는 일반적인 명칭을 사용한다.

(라) 약어는 원래 단어의 특성을 유지하는 데 필요한 최소한의 문자 및 수로 한다.

(25) 단위는 KS 규격에서 규정한 SI단위계를 사용한다.

(26) 시방서의 기술에서 문자에 사용되는 부호와 기호는 다음의 규정에 의하여 표기한다.

(가) 문장의 끝은 마침표 온점(.)을 사용한다.

(나) 하나의 어구가 띄어 쓰여 있을 때에는 쉼표 반점(,)을 사용한다.

(다) 열거된 여러 단위가 대등하거나 밀접한 관계성을 나타낼 때에는 가운뎃점(·)을 쓴다.

(라) 이음표는 물결표(~)를 쓰고, 줄표(-)나 붙임표(—)를 사용하지 않는다.

(마) 느낌표(!)나 물음표(?)는 사용하지 않는다.

9.9 설계예산서 작성

가. 설계예산서는 다음 기준에 의해 작성되어야 하며, 관계법규 등에 의한다.

(1) 공사원가계산서
(2) 총괄내역서
(3) 공종별 공사내용
(4) 세부내역서
(5) 단가산출서
(6) 단가설명서, 비목구분내역서
(7) 수량산출서(내역서와 분리 별도제출)
(7) 일위 대가표

나. 공사원가계산서의 일반관리비 및 이윤은 예산회계법 "원가계산에 의한 예정가격 작성준칙"상의 한도율을 초과해서는 안 된다.

다. 총괄내역서의 공종분류는 공종의 특성 및 순서를 감안하여 입찰자 임의로 선정하되 네트워크 공정계획서의 활동(Activity)과 일치하거나 상호 연계되어야 한다.

라. 입찰자는 입찰서 작성에서 공종별 세부 공사내용 및 순서내용을 기록한 "공종별 공사내용을 작성, 첨부하여야 한다.

마. 단가 산출서는 세부내역서의 항목에 대해 "원가계산에 의해 예정가격 작성준칙(회계예규)에 따라 단가와 수량을 명백히 하여 작성되어야 한다. 다만, 품질관리 비용은 품질시험비와 기타 품질관리비로 구분하여 계산한다.

바. 품질관리비에는 시험사 인건비, 장비손료, 공공요금, 재료비를 말하며, 기타 품질관비는 품질보증계획에 의한 품질관련문서 작성 및 교육훈련, 품질관리에 소요

되는 기자재 구입비를 포함한다, 기타 품질관리비를 계상할 때에는 대상내역을 항목별로 명시하거나 또는 품질시험비 합계의 10%이상 금액을 계상한다.

사. 설계자는 환경 악영향 방지에 대한 비용을 산출내역서에 계상하여야 한다.

아. 공사원가계산서의 일반관리비 및 이윤은 예산회계법 "원가계산에 의한 예정가격 작성준칙"상의 한도율을 초과해서는 안된다.

자. 설계비 항목은 관계 법령이나 기준에서 제시한 금액과 공동도급 대표자와 공동도급 참여 설계자간의 계약금액을 초과할 수 없다.

차. 일위대가표, 단가산출서, 수량산출서 등 기타 필요한 산출근거는 발주기관이 요구하면 설계자가 제출한다.

연습문제

■ 공원에 설치할 등받이 없는 벤치를 설계하고 설계도서를 작성하라.

가. 설계도면: 입면도, 평면도, 투시도
나. 구조계산서
다. 물량산출서
라. 비용산출서
마. 시방서

공학 윤리 10

10.1 공학 윤리란 무엇인가?

우리 사회에는 수 없이 많은 종류의 직업이 있다. 직업을 통하여 사람들은 자신과 가족의 생활에 필요한 경제적 대가를 추구하는 한편 자신의 생활철학을 실현하고 사회 구성원의 일원으로서 사회발전에 기여하고자 한다. 직업인으로서 수행하는 일을 직무라 한다. 모든 직무에는 직무 수행자의 사적인 이익과 가치를 추구하는 측면과 함께 사회 전반에 미치는 공적 기능이 있다. 직업인이 직무의 사적 가치 추구에 전념하는 것은 당연한 일이지만 자기 직무의 공적 기능에 대한 자각과 가치부여에 소홀히 한다면 그를 건전한 직업인이라고 할 수는 없다. 직무의 공적 기능을 자각하고 직무를 공정하게, 정직하게, 열성적으로, 최선을 다하여 수행함으로써 자신의 직무 수행이 인류복지 증진과 사회발전 그리고 생태환경 보존에 긍정적 효과를 나타내도록 하는 마음가짐을 직업윤리라 한다.

직업 중에는 그 사회적 공적 기능이 매우 큰 것들이 있다. 공무원, 군인, 경찰, 의사 등과 함께 엔지니어도 수행하는 직무가 가지는 사회적 기능과 기여도가 매우 큰 직업

군에 해당한다. 이러한 직업에 대해서는 특별한 직업윤리가 요구된다. 우리가 잘 알고 있듯이 의사들은 "히포크라테스 선서"라는 통과의례를 거친 후에 의사의 직무를 시작한다. 모든 공직자는 취임 전에 공개석상에서 선서를 꼭 하도록 되어 있다. 의사가 환자 치료에 최선을 다하지 않는다면 환자의 생명에 위험을 초래할 수 있듯이, 토목기술자가 충분한 능력과 윤리의식을 갖추지 않고 중요한 구조물을 설계, 시공했을 경우에 발생할 수 있는 사회적 피해는 상상할 수 없을 만큼 극심하다. 마치 전투에 임한 군인이 자신의 소임을 다하지 않아 국가 안보에 큰 위험을 초래하는 사례와 유사하다고 할 수 있다.

공학윤리에 관한 최고의 역사 기록은 기원전 18세기 바빌론의 왕 함무라비가 제정한 건축법일 것이다.

> 건축자가 집을 튼튼하게 짓지 않아서 집이 무너지고
> 집 주인을 죽게 했다면 건축자는 사형에 처한다.
> 집 주인의 아들을 죽게 했으면 건축자의 아들을 죽인다.
> 집 주인의 노예를 죽게 했으면 건축자의 노예를 집 주인에게 준다.
> 집이 무너져 주인의 재물을 망가뜨렸으면 그 만큼을 다른 물건으로 배상한다.
> 무너진 집은 건축자가 다시 지어 주어야하고,
> 헐은 벽은 자비로 보수해주어야 한다.

이 법전에는 건축업자의 업무와 관련한 민형사상 책임이 규정되어 있다. 현대에 이르러 엔지니어가 수행하는 업무는 인류생활 전반에 걸쳐서 매우 광범위하게 확대되었고, 따라서 엔지니어의 직무 수행에 대한 사회적 책임도 크게 확대되었다. 이에 따라 엔지니어의 직업적 책임감과 윤리의식의 중요성은 기업의 윤리경영과 함께 사회 안전과 경제발전에 필수적인 요소가 되었다. 이런 추세에 따라 1954년 미국 기술사협회(National Society of Professional Engineers; NSPE)는 다음과 같은 과학기술자의 신조를 채택하였다.

"나는 전문기술자로서 나의 전문지식과 기술을 인류의 행복 증진에 바친다.
이를 위해 나는 최상의 직무를 수행하고,
정직하지 않은 기업에는 참여하지 않으며,
법과 전문적으로 요구되는 가장 높은 수준에 따라 업무를 수행하며,
이익보다는 전문직업인의 명예와 자유를 존중하고,
다른 무엇보다도 공공의 복지를 존중하기를 서약한다."

10.2 공학교육인증에서 요구하는 공학 윤리

현대 사회에서 엔지니어의 사회적 기능의 중요성이 증대되면서 세계 여러 나라의 공학교육인증 기준에 엔지니어 윤리 교육이 필수 조건으로 요구되고 있다. 미국의 공학교육인증위원회(ABET; Accreditation Board for Engineer and Technology)에서 제시한 학생의 학습성과(student outcomes) 11가지 중에 "직업적, 도덕적 책임에 대한 이해"가 포함되어 있고 이 기준은 구미 여러 나라는 물론 우리나라의 공학교육인증원(ABEEK; Accreditation Board for Engineering Education of Korea)에서도 필수 학습성과 12개중의 하나로 요구하고 있다. 이렇듯이 이제 적절한 공학윤리 교육을 시행하지 않는 공학교육은 세계적으로 올바른 대학수준의 공학교육으로 인정받지 못하게 되었다. 따라서 공과대학 교과과정에는 엔지니어의 직업적, 도덕적 책임 인식과 실천 교육이 필수적으로 포함되어야 한다.

10.3 전문인으로서 엔지니어가 갖추어야할 조건

엔지니어는 회계사, 건축가, 예술가, 변호사, 성직자, 대학교수, 의사, 언론인, 과학자, 사회사업가, 교사 등과 함께 전문직에 속한다. 이러한 전문직의 특성과 구비 조건들은 다음과 같이 정리될 수 있다.

(1) 체계적 이론(body of theory)

전문직 종사자는 자신의 업무와 관련된 분야에 대한 전문 교육을 통하여 체계적 이론을 습득하고, 지속적인 자기개발 노력(CPD: continuous professional development)으로 최고 수준의 이론 체계와 지식으로 사회발전과 변화하는 상황에 대처할 수 있어야한다.

(2) 전문적 권위(authority)

비전문직종에서는 서비스나 상품을 구매하는 사람이 고객(consumer)이라면 전문직종의 서비스를 받는 대상은 의뢰인(client)이다. 고객은 상품이나 제공 받는 서비스의 질을 평가 판단하고 자신이 가격이나 구매여부에 대한 재량권을 행사 하는 반면에, 전문직이 제공하는 서비스는 그 분야의 전문지식 없이는 그 질과 가치를 평가 판단하기 어려우므로 의뢰인은 자기의 판단권을 전문가에게 맡기고 전문가는 의뢰인으로부터 위임받은 재량권을 행사하는 전문적 권위를 행사하게 된다. 때문에 전문가는 높은 수준의 직업적 책임감과 윤리의식으로 성실성과 자제력을 발휘하여 자신의 이익이 아니라 자신을 믿고 재량권을 의탁한 의뢰인의 이익을 우선적으로 최대한 추구하는 자세로 지식과 능력을 행사해야한다.

(3) 사회가 공인하는 자격과 독점적 업무 수행(licensing, monopoly)

전문가가 수행하는 업무의 사회적 파급 효과가 매우 크고, 의뢰인은 자신의 이익을 전문가를 믿고 맡기기 때문에 이러한 업무를 수행하는 사람의 지식과 능력에 대한 엄격한 자격제한이 필요하다. 또한 이러한 자격 기준 요구와 함께 그 자격을 갖춘 전문인 집단에게 독점적 업무 수행권이 제공된다. 엔지니어는 대학 수준의 공학교육을 수료하고 국가가 관장하는 자격기준을 갖추어 국가로부터 자격과 면허를 발급받는다. 한편으로 국가는 자격과 면허가 없는 사람들로부터 엔지니어가 업무 수행의 독점권을 갖도록 보장해주고 있다.

이러한 독점권 보장은 전문직 종사자가 안심하고 의뢰인들에게 높은 수준의 서비스를 제공할 수 있도록 하기 위한 사회적 계약이다. 따라서 전문인에게는 이러한 특권과 믿음에 상응하는 사회적 책임감과 직업적 사명감이 요구된다.

(4) 윤리 강령(code of ethics)

전문인은 자신의 전문분야에서 의뢰인이 지니지 못한 지식과 능력을 가지고 있다. 또한 의뢰인은 서비스를 받기 위하여 전문인에게 자신의 비밀과 개인 정보를 제공하게 되므로 전문인은 의뢰인보다 우월적 지위에 놓이게 된다. 전문인이 업무 수행에서 높은 수준의 윤리의식을 갖추고 있지 않았다면 의뢰인의 이익은 보호되지 못하며 사회적으로 큰 해악을 끼칠 수 있게 된다. 이러한 해악이 발생할 경우에는 그 전문가 집단은 사회로부터 신뢰를 상실하고 권위와 업무 독점권을 부여받기 어려워지므로 전문가 집단은 자신들의 업무 수행에 관련한 윤리적 기준을 강령으로 제정하여 자신들의 업무 추진 규범으로 삼게 된다.

윤리 강령은 법률이 정하기 어려운 도덕적 규범을 규정하게 되며 이를 어겼을 경우에는 법적 제재를 받지는 않더라도 동업자 사회에서 상호 평가와 조회에 의해 비공식적인 도덕적 강제력의 압력을 받게 되고 구성원이 자신의 행위에 대한 윤리적 성찰을 할 기회를 제공하게 된다.

여기서 도덕과 윤리의 개념 차이를 이해할 필요가 있다. 도덕은 개인의 양심에 비추어 인간으로서 지켜야할 당연한 도리로서 사회문화적으로 동시대인이 공감하는 보편적 행위 규범으로 형성되며 윤리는 사회의 구성원으로서 사회의 문화질서와 타인의 복지를 침해하지 않도록 하는 사회적 관습과 행위 규범이라 할 수 있다.

(5) 전문가 문화(professional culture)

전문가는 체계적 이론, 지식, 능력을 갖추는 외에 그 전문직 문화에 정통해야한다. 전문직이 수행하는 서비스는 전문 이론과 지식만으로는 성공적으로 이루어질 수 없으며 그에 수반하는 여러 가치와 규범, 문화와 역사, 사회적 파급 효과 등에 대한 폭 넓은 소양을 함께 지녀야 한다. 엔지니어는 공과대학의 교육과정과 학회 및 협회 활동 그리고 동업자간의 협동작업을 통하여 자연스럽게 엔지니어의 보편적 가치관과 생활 규범과 같은 엔지니어문화를 습득하게 된다. 따라서 전문인은 이론과 능력 배양뿐만 아니라 전문 분야의 여러 활동을 통하여 전문가 사회의 일원으로서 폭 넓은 자질을 갖추어야 한다.

10.4 엔지니어의 덕목(德目)

(1) 진실성(眞實性), 정직성(正直性), 성실성(誠實性)

엔지니어가 수행하는 일의 대부분은 개인적 차원이 아니라 규모가 크거나 작거나 간에 조직과 팀을 이루어 수행된다. 특히 토목공학 분야에 종사하는 엔지니어의 업무는 타 업종에 비하여 공익성, 공공성이 매우 강하다. 이러한 엔지니어의 업무 특성에 비추어 엔지니어의 업무 수행에는 협동성이 매우 긴요하고, 협동성은 상호 신뢰와 배려, 책임감과 사명감을 바탕으로 형성되므로 진실성, 정직성, 성실성은 엔지니어의 필수적인 덕목이 된다.

(2) 생명(生命)과 복지(福祉) 존중(尊重)

엔지니어의 사명은 인류의 복지증진에 기여하는 것이다. 인류의 삶의 질이 향상되려면 삶의 환경을 이루는 생태계가 잘 보존되어야한다. 또 현세뿐만 아니라 후세를 위하여 환경과 생태계는 영원히 지속되어야 하므로 엔지니어는 자연자원을 낭비하여 고갈되지 않도록 자원을 관리해야하며 인간은 물론, 지구에 존재하는 모든 생명과 그들의 삶의 터전을 최대한 존중하고 보살펴 주어야 한다. 단기적인 이익이나 이기적인 판단으로 환경과 생태계에 돌이킬 수 없는 폐해를 끼친다면 이는 그 어디에도 용서를 빌 수 없는 죄과를 저지르는 일이 될 것이다. 생명과 복지 존중은 엔지니어에게 부여된 최상의 사명이며, 따라서 엔지니어는 자신의 업무수행의 첫 지침이 생태보전과 환경보호, 위험과 불편해소를 통한 인류의 복지 증진임을 늘 인식하고 있어야 한다.

(3) 공정성(公正性)

엔지니어는 전문지식과 능력을 갖춘 전문인으로서 자신의 지식과 능력을 통하여 인류의 복지 증진에 기여한다. 엔지니어의 업무 수행 결과는 공공성이 강하고 사회 파급효과가 매우 크기 때문에 엔지니어의 업무 수행은 지식과 능력을 통한 공정한 경쟁과 민주적 의사결정 과정을 통하여 이루어져야하며, 권력, 금력, 개인적인간관계 등의 요소를 포함시켜 불공정하게 이루어져서는 안 된다. 또한 엔지니어는 자신의 능력과 지식이 소중한 만큼 타인의 지식과 능력을 존중해야하며 불공정한 방법으로 타인의 지적 재산권을 침해해서는 안 된다.

(4) 공개성(公開性)

엔지니어의 업무 수행에 이용되는 정보는 공유되어야 한다. 또한 엔지니어의 연구 결과나 수행한 업무의 내용은 공공의 이익을 위하여 공개되어야 한다. 다만 독창적인 기술 개발 내용은 일정 기간 동안 독점적 소유와 사용권이 특허로 보장되어 기술 개발을 촉진하도록 하고 있으나 소정의 기간이 지나면 그 내용을 공개하여 무한정한 독점권을 제한하고 있다.

(5) 능력(能力)

엔지니어는 전문 지식과 능력을 바탕으로 업무를 수행한다. 또한 엔지니어의 업무는 공공성과 사회파급 효과가 매우 크다. 따라서 엔지니어가 전문분야의 능력을 충실히 갖추고 있지 못하다면 그 가 수행한 부실한 업무 수행은 사회적으로 큰 폐해를 가져올 수 있다. 이는 마치 돌팔이 의사가 환자를 병들게 하는 것에 비유될 것이다. 돌팔이 의사에게 피해를 본 환자는 피해를 준 의사를 알 수가 있으나 엔지니어의 부실한 능력이 끼친 사회적 폐해는 가해자의 존재를 알 수도 없이 수많은 사람들이 무고하게 피해를 볼 수밖에 없는 경우가 많다. 따라서 엔지니어는 자신의 전문분야에 대하여 항상 최신의 정보와 최상급의 능력을 갖추도록 자기개발에 최선을 다해야 하고 자신의 능력 범위 밖의 일에 대해서는 업무에 참여해서는 안 된다.

10.5 토목인의 윤리 강령

엔지니어는 전문 지식과 기술을 이용하여 업무를 수행하는 전문인이다. 전문기술은 사용 목적에 따라 사회에 이익을 주기도 하지만 큰 해악을 끼칠 수도 있다. 엔지니어는 옳지 않은 목적으로 전문기술을 사용해서는 안 되며 기술사용의 결과에 대하여 책임을 져야한다. 그런데 잘 못 사용된 기술로 의뢰인이나 공공에 끼친 피해의 원인과 책임이 표면으로 잘 나타나지 않기 때문에 엔지니어는 직업적으로 높은 도덕적 가치와 책임의식을 가져야 한다. 그러나 실상은 엔지니어 각자가 모두 도덕적이기를 기대하기가 어렵기 때문에 동업자들이 협동하여 상호 규율하는 강령을 제정하여 준수하기를 서약하도록 하고 있다. 이러한 강령은 전문직의 사회적 책임의식을 높임으로써 사회로부터 신뢰를 받고 자신들의 권위와 업무 독점권을 인정받으려는 의미도 있다. 이러한 강령은 공식적이거나 비공식적으로 엔지니어의 행위를 규범하며 이를 어겼을 경우에 법 집행에 앞서서 동업자 집단에서 제재를 받을 수도 있다.

대한토목학회가 제정한 토목인의 윤리 강령

대한토목학회에서는 성수대교사고를 계기로 1995년 1월 정기총회에서 “토목인의 다짐”을 제정 반포하고 모든 토목 기술자가 이를 준수하기로 결의하였다.

- 토목인의 다짐 -

우리 토목인은 인류의 번영과 인간의 삶을 윤택하게 하며 미래사회의 안녕을 실현하는 주체로서의 긍지와 사명감을 가지고 다음과 같이 다짐한다.

1. 토목인은 국가기술인의 자긍심을 가지고 양심과 명예를 존중한다.
1. 토목인은 안전을 우선하고 사회복지에 공헌하는 책임을 다한다.
1. 토목인은 지속 가능한 개발을 통하여 자연과 인간의 조화를 이룩한다.
1. 토목인은 기술을 올바르게 사용하고 제반 법규와 기준을 준수한다.
1. 토목인은 타인의 견해와 지적 성과 및 재산권을 존중한다.
1. 토목인은 책임 있는 성과물을 생산하고 공정한 경쟁정신을 발휘한다.
1. 토목인은 기술력향상을 통해 스스로의 사회적 지위를 향상 시킨다.
1. 토목인은 지식과 경험을 전파하고 계승시키며 후진양성에 힘쓴다.
1. 토목인은 다른 민족과 문화를 인정하며 스스로의 국제적 위상을 높인다.

- 토목인의 다짐 해설 -

1. 기술인으로서의 정체성:
   토목인은 국가 기술인이라는 자긍심을 가지며 양심을 좇아 행하고 명예를 존중하여 기술인의 품위를 유지한다.

1. 사회에 대한 책임:
   토목인은 안전을 우선하며 사회의 번영과 안녕에 공헌함으로써 전문가로서 사회에 대한 책임을 성실히 이행한다.

1. 환경에 대한 책임:
   토목인은 지속 가능한 개발의 주역임을 자부하며 자연과 인간을 공존시키는 환경을 만들고 보존하는데 최선을 다한다.

1. 기술자적 의무:
   토목인은 학문적 또는 경험적으로 습득한 기술을 올바르게 사용하는 것을 의무로 여기며 제반 법규와 기준을 준수한다.

1. 권리 존중과 협력:
   토목인은 타인의 전문견해를 존중하고 자신에 대한 비판에도 겸허하며 타인의 지적성과와 재산권을 존중한다.

1. 품질보증과 경쟁:
   토목인은 열과 성의를 다하여 목적에 적합한 성과물을 작성하고 공정한 경쟁정신을 발휘하여 토목의 명예를 보존한다.

1. 기술력 향상에 대한 책임:
   토목인은 냉철한 자기 성찰과 기술력 향상을 끊임없이 추구하여 토목인의 위상과 사회적 지위를 향상시킨다.

1. 기술계승과 후진양성의 책임:
   토목인은 자신이 습득한 지식과 경험을 전파하고 계승시키는 것을 보람으로 여기며 후진 양성에 힘쓴다.

1. 국제교류 및 협력:
   토목인은 다른 민족과 문화를 인정하며 국제적 교류와 협력을 증진 시킨다.

10.6 공과대학 학생 윤리 강령

모든 학생은 학칙을 준수할 의무가 있다. 그러나 학칙만으로는 학생이 지녀야할 예비 엔지니어로서의 윤리의식을 규정하기에 부족하므로 공과대학 또는 각 학과에서 공학을 전공하는 학생이 지켜야할 행위 규범을 학생윤리강령으로 제정하여 엔지니어로서의 건전한 가치관과 윤리적 생활태도를 재학 중에 습득하도록 한다.

(1) 학생 윤리 강령

우리 토목환경공학과 학생 모두는 토목인의 사회적 소명과 책임을 인식하고 미래의 토목인으로서 긍지와 자부심을 가지고 다음과 같이 다짐한다.

- 나는 학칙과 학과의 내규를 엄격히 준수한다.
- 나는 모든 강의와 교육활동에 불가피한 경우가 아니면 반드시 참여한다.
- 나는 대학 생활을 통하여 토목인으로서 갖추어야할 지식과 능력을 배양하기 위하여 최선의 노력을 경주하며 게으름을 배격하고 항상 정진한다.
- 나는 항상 정해진 시간을 엄수한다.
- 나는 시험이나 보고서 작성에서 규정을 준수하고 양심에 따라 부정직한 행위를 하지 않는다.
- 나는 학생으로서 품위와 예의를 갖추어 행동한다.
- 나는 타인에게 피해를 주는 행위를 절대로 하지 않으며 공공시설을 훼손하지 않는다.
- 나는 선후배 및 동료와 우애를 돈독히 하며 공동의 발전을 위하여 항상 협동한다.
- 나는 나의 행동에 대하여 전적으로 책임을 진다.
- 나는 졸업 후에도 토목환경공학과 졸업생으로서 명예와 긍지를 지니고 모교와 동문에게 누가 되는 행동을 절대로 하지 않는다.

(2) 시험 윤리 강령

- 나는 대리시험을 청탁하거나 청탁받지 아니한다.
- 나는 시험 중에 허용되지 않은 자료나 도구를 절대로 보거나 이용하지 않는다.
- 나는 타인의 답안지를 보거나 나의 답안지를 타인에게 보여주지 않는다.
- 나는 시험에 방해되는 행위를 하지 않는다.
- 나는 시험 시간을 엄수한다.
- 나는 감독자의 지시에 따라 시험을 치룬다.

(3) 보고서와 논문 작성 윤리 강령

- 나는 전적으로 나의 노력으로 보고서와 논문을 작성하며 타인에게 의뢰하지 않는다.
- 나는 보고서와 논문 작성에서 인터넷 게재문, 서적, 타인의 글 등을 무단으로 전재하지 않는다.
- 나는 인용한 내용의 원전 출처를 규정에 따라 보고서와 논문에 반드시 밝힌다.
- 나는 타인이 나의 보고서와 논문 내용을 베끼거나 복사하도록 하지 않는다.
- 나는 정해진 서식에 따라 보고서와 논문을 작성한다.
- 나는 보고서와 논문 제출 기한을 엄수한다.

(4) 정보통신 윤리 강령

- 나는 자신은 물론 타인의 인권과 사적 정보를 보호하고 존중한다.
- 나는 타인의 ID나 가명을 사용하지 않는다.
- 나는 항상 바르고 품위 있는 언어를 사용한다.
- 나는 불건전한 정보와 바이러스 등을 제공, 유포, 전달하지 않는다.
- 나는 불법행위와 타인에게 피해를 주는 행위를 일절 하지 않고 나의 행동에 책임을 진다.
- 나는 타인의 지적 재산권을 침해하지 않는다.
- 나는 사이버 공간의 건전한 네티즌 문화 조성에 적극 참여하며 자율적 감시와 비판 활동에 적극 참여한다.

발표와 토의

4~5명으로 조를 이루어 조별로 다음의 주제 중 하나씩을 선택하여 조사하고 그 결과를 발표한 후에 토의를 한다.

주제 1: 엔지니어의 윤리의식 결여로 발생할 수 있는 폐해의 종류

주제 2: 미래의 엔지니어로서 공과대학생들의 윤리의식 고취를 위한 좋은 방안

설계 팀 운영 11

11.1 팀웍의 정의

팀(team)은 과업 수행을 목적으로 구성된 인적 조직을 말하며 팀웍(teamwork)은 팀 업무수행의 효율성을 높이고 당면 문제점들을 효과적으로 해결하기 위한 구성원들 사이의 유기적 관계라고 할 수 있다. 팀은 단순한 개인의 집합체가 아니다. 팀원의 적절한 임무 분담과 유기적 협조, 책임 있는 행동으로 이루어지는 팀웍을 통하여 팀의 목표 달성 능력과 효율성이 극대화된다.

11.2 팀웍의 장점

(1) 더 많은 아이디어 창출

팀으로 일을 하면 팀원들이 다른 사람의 아이디어를 통하여 시너지(synergy) 효과를 가져와서 더 많은 아이디어를 창출할 수 있다. 새로운 아이디어, 다른 아이디어와 결합된 아이디어, 또는 개선한 아이디어 등 더 다양한 아이디어들을 얻을 수 있다.

(2) 정보 및 경험의 양

팀웍의 또 다른 장점은 팀 구성원의 다양한 정보와 경험으로 이용할 수 있는 확실한 정보와 경험의 양이 많으므로 문제 해결을 위한 능률이 높아지는 것이다.

11.3 팀 개발

(1) 창의적 설계 팀의 요소

창의적인 설계 팀이 되기 위해서는 표1.1 에 있는 요소들을 팀이 갖추어야한다. 팀원들은 팀웍 기술을 배워서 이를 충분히 발휘 할 수 있어야 창의적인 팀이 만들어질 수 있다. 개인의 팀웍 기술에는 적극적 활동성, 신뢰성, 참여도, 능동적 의견청취, 지도력, 의사소통, 유용한 피드백 주기, 피드백 받아드리기와 책임감 등을 들 수 있다.

표 10.1 무엇이 창의적 팀을 만드는가?

• 지성: 높은 지적 수준 • 문제 및 관련 분야에 대한 전문성 • 관련분야 이외의 다양한 경험, 관심, 다중전공 • 가정(assumption)을 확인하려는 의지 • 자기훈련, 강한 직업윤리, 헌신, 참을성과 집중력 • 소비자 및 동료들과의 대화능력과 솔직한 토론능력 • 자신감과 자부심, 동기유발 • 열정과 에너지	• 새로운 생각에 대한 열린 자세 : 배우고자 하는 열정 • 아이디어를 창출하는 능력; 독창성; 임기응변 • 모호함에 대한 인내력; 사고의 탄력성 • 위험을 감수할 의지, 실패를 두려워하지 않음 • 판단을 늦출 수 있는 여유 • 호기심, 상상력, 창의력, 비상한 재치, 연구력, 비젼 유머 및 충동성 • 미적관심, 정교함에 대한 이해 • 다양한 접근방식을 고려하고자 하는 의지와 명확함을 추구

.(2) 팀 개발의 단계

팀이 구성된 후 다음의 4단계를 거치면서 발전하게 된다.

- 구성기(forming) : 팀이 새로 만들어져, 팀원 간에 잘 알지 못하고 서먹서먹한 단계
- 시련기(storming) : 팀으로 일을 진행하면서 성격 및 사고성향의 차이 등으로 갈등이 발생하고 팀웍에 어려움을 겪는 단계
- 안정기(norming) : 시련기에서 서로의 차이점을 이해하고, 팀원이 한 배를 탄 운명공동체라는 인식을 통하여 팀원이 서로 협력하는 단계
- 활동기(performing) : 팀원이 서로의 장점을 이해하고, 팀 전체가 생산적이고 효율적으로 활동 하는 단계

(3) 팀 구성원들의 임무와 책임

팀 활동이 잘 이루어지고 생산성이 높은 팀이 되기 위해서는 팀 구성원들이 다음과 같은 소임과 역할을 잘 인식하고 이를 실천해야한다.

- 의견을 구하는 사람(opinion seeker)
- 타인을 격려하는 사람(encourager)
- 의견을 제시하는 사람(opinion giver)
- 중재하는 사람(coordinator)
- 화합하는 사람(harmonizer)
- 진행하는 사람(gatekeeper)
- 솔선하는 사람(initiator/contributor)
- 정보를 찾는 사람(information seeker)
- 정보를 제공하는 사람(information giver)
- 다듬고 가꾸는 사람(elaborator)
- 상황을 파악하고 방향을 찾는 사람(orienter)
- 평가하고 비평하는 사람(evaluator/critic)
- 활력을 불어 넣는 사람(energizer)
- 일을 진행하는 사람(procedure technician)

- 기록하는 사람(recorder)
- 관찰하고 점검하는 사람(process observer)

11.4 팀 경영

(1) 성공적인 팀 운영을 위해 고려해야 할 사항과 요소

가) 목표: 조직의 비전과 가치에 부합하고 명확하며 성취가능한 목표를 설정하고 팀원 모두가 이를 잘 이해하고 동의해야한다.

나) 임무: 팀원은 각자 수행할 임무를 지녀야하고 이를 책임지고 수행해야한다.

다) 구조: 팀 목표 달성을 위해 효율적이고 민주적인 팀조직 구성이 필요하다.

라) 팀 구성원 선발: 팀의 업무 내용에 대한 전문성을 지니고 팀웍 능력이 우수한 구성원을 선발하는 것이 매우 중요하다.

마) 분위기: 팀 활동의 효율성을 높이기 위해서는 팀 구성원의 성취동기를 높이고 협동을 극대화할 수 있는 민주적이고 자율적인 팀 운영과 쾌적한 작업장 환경이 필요하다.

(2) 팀의 능률을 높이기 위한 방법

가) 정확히 정의된 팀의 책임과 임무에 관한 규정문을 작성한다.

나) 시간 계획표와 프로젝트 계획을 수립한다.

다) 팀 구성원들의 임무에 관한 규정문을 작성한다.

라) 팀의 기본 규칙을 정한다.

마) 회의 의제를 팀원에게 사전에 알린다.

바) 회의 일지를 기록한다.

사) 수행임무 목록을 작성하고 팀원 각자가 수행할 임무를 명시한다.

아) 팀 구성원들을 평가한다.

(3) 팀의 책임 및 임무규정문

팀은 임무를 자세히 명시하고 모두가 이해하며 재검토된 정확한 임무규정문을 고객이나 의뢰인 또는 경영자에게 제출하여 인가받는다.

가) 잘 작성된 임무규정문은 팀이 올바른 목표를 향해 집중하도록 해 준다.
나) 팀의 전반적 목적과 해결되어야 할 특별한 과제를 기술한다.
다) 팀의 고객이나 의뢰인에게 필요한 정보(연락처 또는 대표자)를 기재한다.
라) 팀 활동에 대한 제약이나 범위에 관한 내용을 기재(지역, 제조공장, 등)
마) 팀 작업 수행에 대한 시간 계획
바) 팀이 사용할 수 있는 예산
사) 팀이 완수할 수 있는 작업 리스트와 예상 완료날짜(활동계획, 진행보고서, 개념 설정, 최선의 해결책, 최종보고서)

(4) 작업예정표 또는 프로젝트 계획

가) 활동계획의 순서를 예정표 또는 공정표로 작성한다.
나) 간트(Gantt) 도표
다) 팀 활동의 시작과 종료 날짜 및 작업 책임자의 이름 명시
마) 고치기 쉬운 복잡하지 않은 소프트웨어를 사용하여 작성
바) "해야 할 일이 무엇이며 어떻게 완수할 것인지"만 기술

(5) 팀 구성원의 임무

가) 팀 구성원들의 임무를 책임소재를 분명히 할 수 있도록 정의
나) 기본적인 임무

- 서기: 팀 구성원의 임무보고서 요약, 팀의 결정사항 기록, 할당된 임무 열거, 요약된 문서를 다음 회의의 의제와 함께 팀 구성원에게 보내는 사람
- 과정관찰자: 팀 회의과정과 임무할당 과정 관찰 및 개선점 제안
- 리더: 팀의 대변인, 회의를 소집하고 경영진에 보고
- 회의 리더: 특별한 회의 중에 리더의 역할 담당(전문성, 사고방식)

(6) 팀의 기본 규칙

가) 제일 먼저 팀의 규칙을 정한다.

나) 모든 팀 구성원이 동의해야 한다.

다) 팀 구성원들 간의 효율적이고 만족스러운 상호관계를 유지하게 한다.

라) 기본 규칙의 예: 표 11.2

표 11.2 기본규칙의 예

시너지 효과를 위한 기본 규칙의 예

팀 생산성 향상과 조화를 위하여 우리는 개인적으로나 조직으로서 다음의 규칙들이 개정되거나 폐지될 때까지 준수하기로 동의한다.

1. 우리는 존중과 친절로 서로를 대한다.
2. 우리는 팀 결정을 합의에 의해 내리는 데 동의한다.
3. 우리는 팀의 논의사항을 팀 멤버가 기밀사항으로 요청하지 않는 한 팀 외부와 공유할 수 있다.
4. 우리는 제시간에 팀 회의에 참석하기로 동의하며 늦을 경우나 참석할 수 없는 경우에는 미리 회의 주재자에게 알리는 것에 동의한다.
5. 우리는 우리에게 할당된 과제를 정해진 시간 내에 완수시킬 것에 개별적으로 동의하며, 만약 정해진 스케줄 내에 과제를 완성시킬 수 없으면 미리 팀 리더에게 알리는 데에 동의하고, 과제 마감일 회의에 참석할 수 없으면 과제결과를 어떤 방법에 의해서든지 보내는 데 동의한다.
6. 우리는 ________에서 매주 ____요일 ____시에 열리는 팀 회의에 참석하는 것에 동의한다.
7. 우리들 각자는 E-mail을 매일 확인하는 것에 동의하고 팀 관련 과제의 중요한 전개사항은 즉시 팀 멤버들에게 E-mail을 통해서 알리는 것에 동의한다.
8. 우리는 회의 주재자, 서기, 진행 관찰자의 임무를 공유하여 돌아가면서 맡는 것에 동의한다. 매번 회의의 마지막에 다음 회의의 임원들을 결정한다.

(7) 회의 의제

가) 회의는 짧게 생산적으로; 다음 회의의 의제를 회의 종료 전에 논의한다.
나) 회의 알림; 회의록, 의제, 발표자 이름 등을 사전에 알린다.

(8) 회의록

가) 회의 날짜 및 시간, 참석자
나) 지난 회의에서 할당된 팀 구성원들의 임무 진행과정 요약문
다) 팀의 결정사항
라) 팀 구성원들의 새로운 임무 완성 날짜
마) 진행 과정자의 논평과 제안, 그 관찰사항에 기초한 팀 활동 내역
바) 다음 회의의 날짜, 시간, 안건 등

(9) 수행 임무 목록

가) 회의 진행 중 플립 차트에 보인 수행 임무 목록
나) 팀이 수행해야 할 과제의 크기와 수를 구성원들이 이해하도록 한다.
다) 구성원들이 과제 수행을 자원하거나 배정 받을 수 있게 한다.
라) 또한 임무 할당의 공평성과 업무 진행과정을 이해하고 임무완수에 대한 확신을 갖게 한다.

발표와 토의

4~5명으로 조를 이루어 조별로 다음의 주제 중 하나씩을 선택하여 조사하고 그 결과를 발표한 후에 토의를 한다..

주제 1: 복합학제적 팀의 구성원이 지녀야할 소양은 무엇일까?
주제 2: 팀 구성원 사이의 갈등은 어떻게 해소해소해야 하는가?
주제 3: 팀 구성원의 활동은 어떻게 평가하는 것이 좋을까?

부록
설계과제

아래 그림과 같이 강변에서 공사를 하는데 공사용 자재창고는 강 건너에 있다. 창고에 있는 시멘트(40kg/포)를 공사장으로 운반하는 구조물을 설계하라.

1. 구조물 형태는 교량, 크레인, 콘베이어, 경사로, 배 등을 자유로 선택한다.

2. 구조물의 구조와 치수, 사용재료, 운용방법, 작동원리를 기술하라.

3. 설계도서를 작성하라.
   - 도면: 전체 구조물과 부재별 평면도, 단면도, 측면도, 조감도
   - 사용재료의 특성
   - 구조물의 하중과 안정성 검토
   - 구조물 운용시 시간당 하물운반량 산출
   - 사용재료 물량 산출
   - 사용재료 비용 산출
   - 시공법에 대한 주요 시방

4. 1/10로 축소한 구조물 모형을 제작하라.

모형물의 재료는 목재, 고무, 플라스틱을 사용한다.

5. 평가 항목

① 구조물의 안정성과 기능성: 50점

② 경제성(공사비): 10점

③ 설계도서 : 20점

④ 발표 평가: 10점

⑤ 모형 평가(안정성, 정확성): 10점

6. 과제 진행

- 4~5인 1조의 팀 활동: 학기 제2주에 팀 구성
- 과업 발주: 학기 제3주
- 작업 기간: 10주
- 설계도서 제출 마감일: 학기 종강 2주전
- 설계발표 및 모형 평가: 학기 종강 1주전

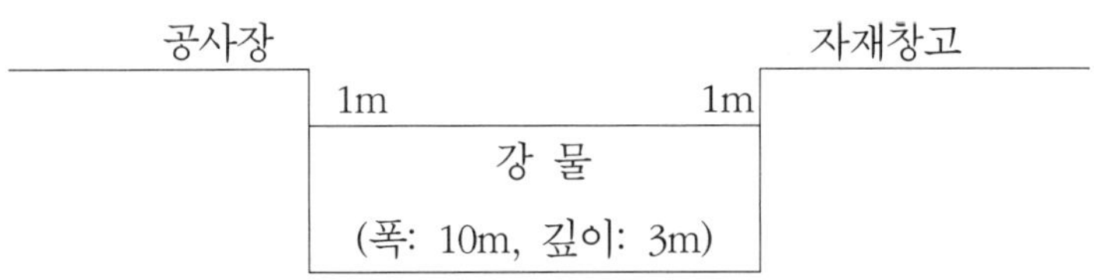

찾아보기

ㅇ

ㅊ

ㅋ

ㅌ

ㅍ

ㅎ

-저 자 소 개-

박 용 원

공학박사, 기술사,
명지대학교 토목환경공학과 교수

박 종 호

공학박사, 기술사,
평화지오텍(주) 대표

오 귀 환

공학박사, 기술사, (주)도우엔지니어즈 대표
명지전문대학 겸임교수

토목설계기초 값 12,000원

2009年 2月 28일 초판 1쇄 발행

저　자: 박용원　박종호　오귀환

발행인: 유병진

명지대학교 출판부
MYUNGJI UNIVERSITY PRESS

서울시　서대문구 남가좌동 50-3
전 화　(02) 300 - 1740
팩 스　(02) 300 - 1742
등 록　제 9-25호 1969. 10. 15
제 작　네오프린텍(주)

ISBN 978-89-7335-360-6 93530